书·美好生活
Book & Life

书，当然要每日读。

工作、成就与女性价值

人にも時代にも振りまわされない
——働く女の仕事のルール

〔日〕有川真由美 著

苍绫 译

SJ 北京时代华文书局

图书在版编目（CIP）数据

工作、成就与女性价值 / （日）有川真由美著；苍绫译. -- 北京：北京时代华文书局，2024.7

ISBN 978-7-5699-4612-3

Ⅰ.①工… Ⅱ.①有… ②苍… Ⅲ.①女性－成功心理－通俗读物 Ⅳ.① B848.4-49

中国版本图书馆CIP数据核字（2022）第076862号

HITO NIMO JIDAI NIMO FURIMAWASARENAI—
HATARAKU HITO NO SHIGOTO NO RULE
Copyright © 2015 by Mayumi ARIKAWA
All rights reserved.
First original Japanese edition published by Kizuna Publishing.
Simplified Chinese translation rights arranged with PHP Institute, Inc., Japan.
through CREEK & RIVER CO.,LTD. and CREEK & RIVER SHANGHAI CO., Ltd.

北京市版权局著作权合同登记号 图字：01-2019-7021

GONGZUO CHENGJIU YU NÜXING JIAZHI

出 版 人：陈　涛
选题策划：陈丽杰
责任编辑：袁思远
执行编辑：高春玲
封面插画：黄平珍
装帧设计：孙丽莉　段文辉
责任印制：訾　敬

出版发行：北京时代华文书局 http://www.bjsdsj.com.cn
　　　　　北京市东城区安定门外大街138号皇城国际大厦A座8层
　　　　　邮编：100011　电话：010-64263661　64261528

印　　刷：三河市兴博印务有限公司
开　　本：880 mm×1230 mm　1/32　　成品尺寸：140 mm×210 mm
印　　张：7.75　　　　　　　　　　　字　　数：137千字
版　　次：2024年7月第1版　　　　　印　　次：2024年7月第1次印刷
定　　价：52.00元

女性何以通过工作、金钱获得幸福？

这两部以女性工作、金钱、生存价值、安全感、自由为主题的书——《工作、成就与女性价值》《金钱、安全感与女性自由》，我一边看，一边回想起自己近几年来的生活模式：作为一名女性，一名在公司工作，业余翻译、写作的女性，一名需要兼顾现实工作与家庭生活，并追寻个人成长和发展的女性，我所经历的种种"摸爬滚打"真实贴合了女性所面临的时代困境，而作者恰好在书中一次次道出了我的那些难以名状的感受，使我不由得感叹：这真是两本值得一看的书。

作者有川真由美，年轻时做过化妆品公司职员、补习班讲师、科学馆讲解员、服装店店长、和服教室讲师、婚礼策划、自由摄影师、报纸广告部编辑……快到四十岁时，她才从小地方来到大城市东京，从自由撰稿人做起，通过一步步努力成为专职作家，后来还去中国台湾的大学研究生院进修，一边研究"日本女性的风险问题"，一边做着大学讲师、开办研究室，还被选为日本内阁府研讨会的成员。这时的她，终于实现了年轻时的梦想。

因此，她所写的内容不是只提供情绪"按摩"的"心灵鸡汤"，而是来自真实的经历和体悟，是可以落地的实操指南。书中特别有价值的是关于当代女性的话题，作者从支撑起女性具体生活所需要的工作和金钱，谈到女性实现真正幸福的人生应该具有的价值观和视野。

话说回来，为什么近年来关于女性的话题层出不穷呢？从上野千鹤子的书籍和讲座，到小红书上的各种热门话题，再到各种和女性相关的社会事件，越来越多关于女性的声音被听见……在女性除了"相夫教子""适当工作就好，照顾家庭为主"的"正途"之外无他处可去的过去，可曾出现这样热烈的讨论吗？正是因为时代变了，女性的社会角色发生转变，女性的自我觉醒越发深入，女性主义的话题才会如雨后春笋般出现。

那么，具体来说，女性的境遇发生了怎样的转变呢？试着想象一下二三十年前的一个普通城镇女性的形象吧。运气好的话，她能接受完义务教育，运气再好一些的话，她能在二十出头的年纪从大专或大学本科毕业，找到一份"适合女孩子"的工作，在二十五岁左右、一般不超过三十岁时结婚，婚后一两年有了孩子，为了照顾孩子、支持丈夫的事业发展，她在工作上"适当"即可，有没有成果、有没有晋升、能挣多少钱则在其次。随着孩子长大、丈夫进步，她在别人口中逐渐以"某某的妈妈""某某的夫人"身份存在，等孩子结婚生子后，她又帮忙照顾孙辈，以"某某的奶奶""某某的姥姥"身份存在……

这样的人生不能说不好。事实上，如果一位女性能发自内心地接受这种生活方式，平稳地度过一生，也是非常幸福的。

只是，时代和社会的变迁让女性一生中所要面临的一些要素发生了变化。比如，现在年轻人受教育时间普遍延长，研究生毕业时已是二十五六岁，博士毕业时甚至已是三十岁左右，恋爱、结婚的时间随之延后。再比如，家庭越来越原子化，社会评价体系从重道德往重利益方向偏移，注重个人感受的思潮兴起，情感关系越来越脆弱，有时候，曾被视为女性港湾的婚姻与家庭，反而成为人生风雨的来源。尽管我个人认为现今仍是男权主导的社会，但毕竟在职场上脱颖而出的女性在增多，女性在工作上虽然仍面临种种现实困境，但向上的机会终究比过去要多。

时代和社会的种种变迁导致女性生活方式的变化，这种变化不以人的意志为转移。在新形势下，女性有过上幸福生活的欲望，也有过上幸福生活的机会，但欲望和机会之间，还需要连接二者的桥梁。这道桥梁，就是工作和金钱。

　　首先是工作。人要活着，就得工作赚钱。

　　过去，社会基本认为女性的主要经济来源是她的家庭，即父母、丈夫或子女。即便女性有工作，那份工作带来的收入往往被认为是"不重要的""锦上添花的"，女性终归要找个经济能力更强的男性结婚才是"正途"。但正如前所述，当今时代的女性角色和婚恋关系发生变化，女性的基本生活和更多欲望，需要独立的经济能力支撑。

　　用作者的话说，就像动物活着要觅食一样，这是自然而然的事，人也要靠自己的双脚走路才是。

　　可能有些读者和曾经的我一样，觉得工作只是赚取生活费的方式而已。常常在网上看见有人抱怨："上班如上坟""只在发工资的那一刻感觉到快乐"。仔细想想，一周七天，五天都要痛苦地度过，岂不是人生的大部分时间都是痛苦的？这样的人生，是你想要的吗？

　　或许有些人会说，我当然也想做自己喜欢的事，但那终归只是极少数人才能达到的状态，像我这样的普通人，只是活着就已经拼尽全力了，哪有可能过上理想生活？

对此，作者的回答是这样的：

是的，并非人人都能以喜欢做的事情为工作。但是，你得出这样的结论，是基于多次尝试后的结果，还是什么也不做后的随波逐流呢？

在书中，作者分享了自己的亲身经历，并参照了她所接触的其他人的经验，提炼出具有实操意义的指导方案。比如，年轻人要以什么标准挑选工作？女性处在结婚生子、照顾家庭等人生节点时，要如何处理家庭生活与工作的关系？女性如何为将来做规划和准备，从单纯地上班转变为经营自己的事业？对于这些问题，作者在书中一一详细说明，并鼓励大家：

没有从头到尾都一帆风顺的人生，人总会在某个时期挣扎痛苦。

如果你有"想试着做一做"的事情，就不要认为"反正是不可能做到的"，不要在一开始就否定自己，而是想"要怎样才能做到"，认真地思索转变工作方式的战略。

像没头苍蝇一样，胡子眉毛一把抓地蛮干可不行。

在追求喜欢的事情的路上，多少会遇到一些风险。

虽然以自己真正想做的事为工作是件幸福的事，但同时，要充分认清社会现实，有必要事先理解自己会得到什么，又会失去什么。

"如果遇到了挫折，你要怎么办？"最好也考虑好这时候的对策。

去试着努力看看吧！毕竟，人生只有一次啊。

接下来再说金钱。

金钱是工作成果的一部分，是我们生活在现代社会所必需的东西。但是，同样的金钱在不同人手中却会产生天差地别的效果。

作者在书中举例：有一位普通的退休女教师，没结过婚，也没有孩子，因为她从小受到在银行工作的父亲的影响，懂得在该节约的地方节约，该花钱的地方花钱，所以，她在退休后拥有可以出租的不动产，生病时可以住豪华的 VIP 病房，还能不时出国旅游。而另一位 J 小姐，出身名校，精通英语，年轻时在银座高级俱乐部做女招待，是店里最红的头牌，挣得多花得也多，住在月租几十万日元的高级公寓，全身上下都穿戴名牌，空闲了就去高级场所吃喝玩乐……然而青春易逝，当她年岁渐长，赚得不如从前多时，却还坚持过去高水准的生活方式，入不敷出，三十岁后被店里解雇。当以前的熟客再见到她时，曾经光鲜亮丽的 J 小姐已经完全变了样，她在百货商店的地下卖场做临时促销员，还不一定每天都能开工，住的地方也换成了郊外便宜的破旧公寓。她感叹：从来没想过自己会变成这样。

但作者并不是说，只要有充裕的金钱，人生就会幸福。她还提到自己的一位六十多岁的朋友，朋友靠丈夫在公司上班挣钱，即便自己一辈子没工作过，也能有不错的积蓄，打打高尔夫，看看戏剧，去温泉地旅行，生活得很舒适。但是，不管怎么游玩，她总会觉得有点儿空虚。

"每天玩的生活虽然很幸福，但是幸福一次后就结束了。然后，又开始寻求新的幸福，如此反复……我有时候会想，自己的人生，到底算什么啊。"

虽然这对于没钱的人来说是奢侈的烦恼，但这是确实存在的烦恼。一味只会花钱消费的人生，到底能算什么呢？于是，她把老师叫到家里，开设了一所业余学校，教授料理、瑜伽、花木园艺等，招募和她一样六十多岁的女性为学生。

"每天都很快乐！看着大家的笑脸，真是很幸福。因为能为别人做点儿什么，是最棒的幸福哇。"这位朋友简直像变了个人，她变得开朗，说话也充满了自信。

发自内心的自信、快乐、自由，虽然不一定能用金钱直接买到，但是需要有支配金钱的智慧。

作者总结，通过金钱的使用方式，可以看出一个人的聪明程度和人性本质。

说到底，金钱只是为幸福人生服务的工具，如何恰如其分地使用这个工具，让它产生积极的正面效果，不仅仅是"节约"这么简单。相反，如果一味节约，甚至不舍得在自己身上做正确的投资，金钱就会失去价值，还会耽误未来可能的增值。对此，作者也在书中做了详细的解释。

金钱不是目的，工作也不是唯一，它们只是让人生幸福的工具和手段而已。最重要的，是你自己的人生，是你被当作一个"独立的人"而存在，而不是作为他人的附属——"某某的妈妈""某某的夫人"而存在。一个人只有作为独立的人被看见、被认可，才会发自内心地感到幸福和满足，这是人的社会性本性，不分男女。只是由于种种限制，过去的女性在这一点上落后于男性，而今它已成为女性面临的一个重大课题。

用作者的话说：将来的时代，不论在职场上还是家庭里，女性都不能安于"我什么也做不了，请帮帮我吧"，而需要"我能做这件事，让我们互相帮助、一起努力吧"这样的自立性。

只能靠寄生别人来过活，一旦有所不满，就会向对方提出要求，或者干脆用别的东西来填满干涸的心。

如果对自己没有自信、一味期待别人，就会一直灰心失望，沮丧不满。

自己不改变，永远都会陷入不满。

确实，男性也好，公司也好，女性都是在与之相处的过程中生存着的，但是，这绝不能等同于"没有他们就活不下去"。如果那样，女性会失去自由，活着也没有滋味。

只要有了自己的世界，就不会在与他人的比较中陷于失落，也不会羡慕别人，而是自信地认为"做我自己就很好"。

充满热情、勇往直前的女性，闪耀着神圣庄严的美丽光芒。

工作像粗糙的磨砂纸，接触时可能会有痛感，但只有通过工作日复一日的打磨，人生的宝石才能闪出更耀眼的光。

坚持工作下去、与他人联系下去，让上天赋予我们的这仅此一次的生命，闪闪发亮、熠熠生辉吧！

与你共勉。

苍绫

2024年5月26日

于京沪高铁上

前　言
工作方法改变，
明日的人生随之改变

▶你打算将至今为止的工作方法，用到什么时候？

"这样的工作方法能持续到什么时候？"

"现在还过得去，不过将来要是失业了该怎么办？"

"存不下什么钱，日子能撑下去吗？"

"只凭公家的年金，退休后的生活能过下去吗？"

…………

常常会有这些不安想法的人，不在少数。

不，说"不在少数"都轻了。根据各种调查，对金钱问题感到"非常不安"和"相当不安"的人，占八成以上。就算现在不是被逼到无路可走，十年后、二十年后、退休后，也没问题吗？

"会不会因为什么事情而陷入贫困？"这种不安、疑惑，时不时地在大部分人心头冒出。

"这样的日子能过下去吗？"对贫困的不安，对未来的不确定感，女性似乎比男性更多。

对于工作方式经常发生改变的女性来说，比如以结婚、生子、丈夫换工作、看护老人等原因而辞职、换工作等，能够断言"我这一生，不会有什么问题！""我不用担心钱的事！"的人，能有多少呢？

女性的金钱问题，不会因为"我是正社员①所以没问题""我结婚了所以不用担心"等这类情况而消失，金钱问题是所有女性终其一生都要面对的问题。

在女性中，最接近贫困的人群，大概是单亲妈妈这一群体吧。从前夫那里得到的抚养费、生活费对生活来说是杯水车薪，拖着孩子不好找工作的妈妈也不在少数。

对于非正式雇员②的人来说，工作了很多年收入却无法

---

① 正社员：日本雇佣形式的一种，员工与企业签订的是终身雇佣合同。——如无特殊说明，均为译者注，下同。
② 非正式雇员：劳动合同有规定的合同期限，到期要更新合同。招聘中指"契约社员、兼职"等。

上涨是现实的困境，伴随而来的，还有"不知道什么时候就被裁掉了"这样的担忧；对能否持续工作抱有疑惑、不安的同时，个人生活中"不能从家里独立出来""要是能结婚就好了，可要是结不了……"这类生存矛盾也加剧着女性对未来生活的不稳定感和人际交往的不安感。

就算是看上去工作稳定的公务员或者大公司员工，也会因为人际关系和工作的烦恼，常常产生"要是能辞职早就想辞了""但是，如果不做这份工作，也没有其他可以做的事"这样的迷茫和焦虑。

结婚也并不意味着安稳和平顺。近来，有很多结婚生子时辞职的人因为经济问题又开始求职，更有人哀叹"虽然想离婚，但是经济上不能自立，所以没办法离""老公要是生病了不能工作的话，该怎么办啊"。

一旦开始考虑金钱和工作上的事，我们想到的全是些让人觉得前途暗淡的负面事情。

但是，不管这种"危机感"有多负面，我依然认为对于生存来说，这种思考是很有必要的。

这世上没有"完全彻底的安心"。正因为有些许的危机感，人生才能变得更加多元，能让人生剧场变得更精彩的机会才会降临。

"危机感"是巨大能量的来源。

当我们面对"危机感"时，重要的是，不要为负面的不安情绪所困，要有效地利用这种能量，将它转化为积极的行动以解决问题。

如果一个人只停留在现在的地方，死守着自己当前的位置，只会招致更多的不安。

"如果总是没有变化，不可能没有不安的。正因为如此，我们才必须要做点儿什么，不是吗？"

带着这样的问题或心态，仔细审视未来的十年、二十年，只要我们做好了准备，问题就可以简单、高效地得到解决。

注意把握好增加能量的方法。

随意行动只会添乱。

"拼命地工作却还是贫困""年纪渐长，能做的工作越来越少"——为了不陷入这样的状态，你应该从注重累积"量"的工作，转移到只有你自己才能做的"高质量"的工作上。

这本书就是帮你分析、找到"由量到质"转变的战略，以及确定你应该掌握的事。

最后，还有一件很重要的事，希望你能记住：

从"量"到"质"的工作方式的转变，是任何人都可以做到的。

▶为什么你会如此不安？

如果将我们对于未来的忧虑、不安整理一下，最靠前的应该是"贫困"和"孤独"吧。

虽说也有人可能会为"健康"忧虑，但那要根据各人自身情况来应对，这本书主要是想帮大家解决更普遍的对于"贫困"和"孤独"的不安。

话说回来，我们究竟为什么会感到如此不安呢？

以现在日本社会的情况来说，经济高度发展，基础设施完善便利，社会保障完备，医疗发达，日本在世界上以"让人安心、安全的国家"闻名……尽管如此，大多数日本国民依然深陷贫困和孤独的不安中，这就是现实。

即使能赚到一定数量的钱，"会没钱用""结不了婚""没有小孩"等这类想法依然时不时冒头，让人对未来充满不安，因为社会的组成结构、人们的生活方式和工作方式的改变会对个人生活产生重大影响。

从二十世纪末开始，"风险的个人化"已经成为重大社会学课题之一，不仅在日本，全球范围内的社会学者都关注这个问题。

所谓"风险的个人化",是指人们与过去曾构筑坚强基石的"家庭""地区""公司"等集团组织的关系弱化,个人可以自由地选择生活方式,与此相对地,贫困、疾病、离婚等人生的风险,也变成由个人独自来承担的问题。

过去,"连接"的意义是"活下去"。因为受到家庭、地区和公司的"照顾",所以"个人必须要作为组织的一员而服从集体",人的日常生活中存在这样不成文的压力。(现在,应该还有残留着这样的习惯的地方吧。)女性结了婚就要服从家庭,男性工作了就要对公司尽忠,祖辈们长年累月在所生活的地域互相帮助、互相教授人生必要的知识、在危险中保护彼此,形成了"风险对冲"或风险回避机制。

后来,传统社会逐渐发展为现代社会。

"自由的生活是很好,不过就不能指望别人的照顾了。所有人都要为自己负起责任"。也不要抱着"过去可真好啊"之类的念头。社会有其发展的趋势,在过去那种个人不能自由生活的社会,也有它特有的死板和局限的问题。

总之,社会变得个人化,对于贫困的风险,也必须由个人来承担和应对。

"贫困"问题，往往与"孤独"问题缠绕在一起。

因为与家人和公司的关系变得淡薄，有关"贫困"的不安就会放大，而且，当贫困的不安滋生时，我们就会想通过婚姻和家庭等关系寻找出路。但是，因为自己的工作没有希望，所以，就算想依靠什么，也像是无源之水，并不能长久地维持。

没有维护亲密关系的互动，也没有依靠着便可以生存下去的东西，人就只能直面绝望。

进入现代社会，为了生存下去，我们必须从过去的"工作方法"和"连接方法"中寻求转变，适应时代和个人生活的转变，学习新的"工作方法"和"连接方法"。

其实，除了"个人时代"的到来，还有其他原因也造成了对金钱的不安心态。

·平均寿命延长，不能确定退休后钱是否够花；

·就算想再就职，第二次工作的机会也很少；

·年纪越大，愿意雇用自己的地方越来越少；

·离婚、疾病、看护老人等，没有为这些突然来临的风险做好准备；

·难以承受房贷、育儿等长期经济负担……

女性自身为了击溃"贫困"和"孤独"的不安，就要拥有自己独立的"事业"。互相信赖，互相帮助，形成"连接"。

将来的时代，不论是职场还是家庭，都不需要"我什么也做不了，请帮帮我吧"这样的诉求式依赖，而是需要"我能做这个，让我们互相帮助、一起努力吧"这样的合作式自立。

不管是谁，都有自己独立能做的事。

为了充分利用这种能力生存下去，你必须比谁都相信自己可以自立，并为之开始提升自己的技能。

▶解决焦虑不安的道路，是用自己的脚走出来的

我的前半生事业路，是自己从不安中跳出来，获得"自由"和"自立"的过程。

二十多岁的时候，我满脑子都是"自己喜欢什么就做什么"的浅薄想法，当过养老院看护员和服装连锁店店长。

虽然获得了经济上的自由，艰苦的工作却弄坏了我的身心。失业时，我才三十出头。谁也不会雇用一个没有工作技能的人，这真是让我愕然，并为之大吃一惊。

因此，不论在什么地方，"我都要学会通用的技能"成了我的信念，穿和服、摄影都是我通过自学掌握的，利用

这些技能，我跳槽到了条件不错的地方。

获得了职场的自由后，我凭借摄影的技能与新闻社签订的雇佣合同也结束了。因为自己在新闻社有着非常丰富的工作经验，我顺势转做自由撰稿人，然后来东京写杂志报道。由于自由撰稿人非常多，像我这样"零售"自己的时间，收入上不去，我发现这么下去是不行的。

于是，我决定"专注于只有自己能写的东西"，开始专门写面向职场女性的书，渐渐地能够按照自己的节奏来工作了。

就算得到了"时间的自由"，不安仍然存在，即"我能不能一直写下去呢"的不安。

但是，我并不讨厌这样的不安。

"如果不能继续写下去，该怎么办？"再三考虑之后，我决定未来去台湾的研究生院留学，研究女性的生活方式、工作方式，特别是女性的生存风险问题。

在这些行动中，我切身体会到自己获得了"人际关系的自由"。

如果有很多人都对你说"想拜托你"，你就不必依赖某一个人，而可以选择值得信赖的人际关系。而且，与值得信赖的人交往，自己所追求的事业也能更精进。

所谓自立，并不单单指一个人可以生存，还是指一个人拥有过有品质的生活的能力，在生活中拥有很多可靠的人与事。

当然，这并不能消除所有的不安。

"我能一直工作下去吗？"这样的不安，一直在我们心底的某个角落。

但是，这样的不安可以成为原动力。正因为有不安，我们才会想要把工作事务一件一件地做好，才会想要继续学习。

而且，工作是我们生存的意义、生活的轴心。

我是一个打心底热爱"自由"的人，为了获取"经济""时间""职场""人际关系"的自由，想尽了各种办法和措施。

然而，对自由的向往因人而异。比如，有些人会觉得"这样的自由不要也罢""做自由职业者太可怕了"，比起时间上的自由，这些人偏好每个月拿到固定的薪水；比起自由地选择工作的场所，也有人偏好在本地生活，在同一个地方构筑人际关系。

确实，获得自由的同时，一定会伴随着某种风险。例如，要付出很多汗水和努力，也有可能要舍弃安定的状态。

但是，请试着想一想——

总有一天，人们的工作模式会发展为不归属于某个企业的自由方式。

据统计，在活到六十岁的女性中，有近一半能活到九十岁。就算我们从属于某个企业，退休后，人生还有三分之一的时间"没有事情可做"，难道不寂寞吗？而且，女性就算结婚，最后也可能会与丈夫死别。成为"一个人"的概率，女性远超男性。

这种时候，如果有人说"想拜托你"从事一份被人需要的工作，那么就算不给钱，你也不会那么不安。因为与社会中的人交往，最能够让人生绚丽多彩。

人生最重要的，不是"金钱"，而是"事业"。

拥有自己能做的事，就是拥有"事业"，拥有永不枯竭的"油田"。而且，这"油田"越挖下去，高质量的"油"越会涌出。钱会用尽，但自己所储备的工作能力不会。

写了这样的话，也许有人会说："只有你才能办到吧！"不是这样的！就像我之前所写的，二十多岁、三十多岁的时候，我都还是"半瓶子醋"，在不同的职业间颠沛流离。除此之外，我也没有什么特别突出的才能。

不论是谁，只要想着"我想被他人需要""我想让自己的能力发挥作用"，并为此做准备，就可以成功。

日本的女性基本上都非常认真、努力，拥有各自的才能。只是，这样的干劲和能力，如果没有为了自己、家人和社会而被有效地利用起来，就太可惜了。

定好方向，努力下去，有意地培养自己赚钱的能力，并不断积累财富，只要花足够的时间，一切就都有可能实现。

如今是女性要终生工作的时代了。如果不是自己能体会到满足感和幸福感的道路，怎么能走下去呢？

重要的是，追求自己能发光的舞台或者说被他人所需要的地方，坚持走下去。向着幸福的工作方式"软着陆"，并一直前进。

工作方式改变了，人生道路也会明亮起来，从而成为丰富而有力的人。

有川真由美

目　录

第一章

为什么工作？

发掘工作的内驱力

01. "越工作，越不幸"？

在改变工作方法之前，首先要重新审视工作的目的。

"你究竟为什么工作呢？"

被问到这个问题时，回答"嗯……到底是为了什么呢？"紧接着陷入沉思，或回答"不太清楚……"而歪头思考的人，不仅仅是年轻人，三四十岁的人也有很多。

"因为要生活，所以不得不工作。要是有了钱，就不会工作了吧。"——也许这样想的人也有很多，特别是结了婚、有了孩子的人，他们会说："我是为了家人而工作的。"

也有人因为"对社会抱有使命感而工作"。

也有一些人"想通过工作来实现自我成长""想试着做一些有意思的事"。

对于为什么工作，每个人都有自己的故事。

我曾经每天被工作追赶着，甚至都没有认真考虑过"自己究竟是为了什么而工作？"换工作之后，我继续每天漠然地通勤，就这样持续了五年、十年……有时候，我会突然想："这么下去，不就成了不是为了活着而工作，而是为了工作才活着吗？"

如果陷入这样的状态，那么，越工作，人生恐怕就越不幸。

早晨，一边想着"明明还想再睡一会儿的"，一边强迫自己起床上班。到了公司，懒散邋遢地混着时间，一天转眼就过去了。有时候虽然也能休息一下，但大部分时候我们都是在加班后，拖着筋疲力尽的身体回家。看着镜中的自己一日比一日憔悴，想想都觉得可怕。周末在家懒懒散散地睡觉，光是让身体休息一下，假期就结束了……我们一直这样循环生活，实在没有充实个人生活的余力，也不能好好地放松享受一番……

但对于没有工作的人来说，他们大概会想："只要有工作就该谢天谢地了！"不仅如此，他们要是知道谁对工作稍有微词，就可能会斥责道："别抱怨了！工作辛苦，难道不是理所当然的吗？！"

所有打工人都这样想，所以就形成了社会共识，个人根本没有办法改变现状，正是因为发现了这一点，我才改变了工作方式，开始实践"为了自己的幸福而工作"。

十几年前，我刚刚成为自由撰稿人时，曾经在柬埔寨和日本的中小学生间做过问卷调查："你现在觉得自己有多幸福？""做什么的时候，你觉得最幸福？"

令人震惊的是，柬埔寨孩子们的幸福程度比日本孩子们的高多了。

我之所以震惊，是因为柬埔寨经济不发达，孩子们除了上学，还要做农活、干家务，连笔记本也买不起。而比起生活在宽裕环境中的日本孩子，他们反而更有活力，总是面带笑容，大声回答说："我很幸福！"

当被问起"做什么的时候，你觉得最幸福？"，柬埔寨孩子们的答案中最多的是"与家人相聚的时候""学习的时候"，日本孩子们则是"与朋友在一起的时候""睡觉的时候"。

我意识到，这不仅仅是孩子的问题。

当时的柬埔寨，夜幕降临的时候，工作了一天的上班族也好，家人们也好，年轻的恋人们也好，都会聚集在河岸边，享受一刻的轻松时光。虽然有些人的身上还有内战时留下的可怕伤痕，但因为抱着"只要活着就很幸福"的希望，他们会尽情享受有限的生命。

这样的场景，过去的日本大概也有过吧。但是，如今的日本社会以经济发展为首要目标，结果就是，人们一味追逐金钱的富足，却忽视了精神上的富足。

经济上的富裕和心理上的幸福感，并不是简单的正比例关系。

当然，贫困也会是不幸的原因，但当收入增长到一定程度，幸福感却并不能随之继续上升。因为工作，"没有个人时间""失去了健康""失去了人与人之间交流的机会""开销增长但钱不够用"等问题越来越成为多数人的日常，"这也没有、那也没有"的焦虑、不满、不安与日俱增。为了满足不断膨胀的欲望，为了维持水涨船高的生活水平，人们不得不更加拼命工作……这样很容易陷入负面的循环，就像过去的我一样，陷入"越工作、越不幸"的状态。

当一个人的精力向一方倾斜时，一定会对另一方有所疏忽，然后身心健康的平衡会被打破，为了弥补某种空虚感，我们一定会花费金钱或别的什么东西来寻求平衡。

我们每个人，从心底里都期盼着幸福。

所以，工作也必须是追求幸福的手段。

最重要的是，"以怎样的心态度过每一天"。每天都充满幸福感和充实感的时光，是无可替代的珍贵宝物。

因为"不得不去工作"的状态而被外界左右、被压榨，变得不幸是理所当然的。必须要改变工作方式，让自己"因为工作而幸福"，否则好不容易才完成的工作，岂不是白白浪费了？一定不能将工作与幸福对立起来。

首先，请以"变得幸福"为中心来工作。
之后，工作方式会水到渠成地改变。

消除贫困、孤独与不安的要点

01

☑ 以"变得幸福"为中心来工作

02. 幸福工作的三个法则

这世上，有人工作得很幸福。

他们在工作中体会到自我价值，收获愉悦感，体味到工作和人生的乐趣。

他们与家人和同事紧密协作，为实现远大的梦想和目标而努力。

他们不被外界左右，热爱自己的事业，并为此骄傲，不断攀登高峰。

他们虽然也会对不确定的未来感到不安，但总能想方设法渡过难关。

迄今为止，我从接触到的"幸福工作的人们"身上，发现了一些共通的法则。

▶幸福工作的三个法则

（1）"为了别人（社会）而工作""为了家人而工作""为了自己而工作"（Why）

（2）"想以这样的方式生活"，拥有自己的生活愿景（What）

（3）选择成为"更有赚钱能力的自己"，拥有高度的自我肯定感（How）

接着我就以自身的失败经历，来个现身说法吧。

首先，"为了别人（社会）而工作""为了家人而工作""为了自己而工作"，这些都是工作的目的，用英语来说就是"Why"，即为什么而工作。

就像上文提到的，工作的人各有各的目的。有人"为了获得金钱""为了实现自己想做的事情"，上了年纪后，也有人"为了健康""为了为社会做贡献"而工作。几乎所有人都有不止一个目的。

那么，先不管"为什么而工作"，让我们来想想"究竟为了谁而工作"吧。

工作，是"为了某人而工作"。我们所做的一切，都是为了"某人"。你是为了谁而工作呢？有人是为了"自己"，有人是为了"家人"，也有人是为了"顾客"。

这些目的因年龄的不同而有所不同，但都是非常宝贵的。

幸福工作的人，是实现了"为了他人（社会）""为了家人""为了自己"这三个目的的人。

世间是由不同的"人"构成的。为了自己或身边的人而工作，并且能够切实地感到这一点的人，他们的幸福度应该是比较高的。

我在二十多岁时，几乎没有意识到工作有什么目的，甚至还认为"是为了公司而工作，而不是为了自己而工作"，感受不到工作带给自己和他人的快乐。

但是，实际上，那时的工作也是有目的的，是"为了他人""为了自己"和"为了家人"。只要能够意识到这一点，我们对待工作的方式就能发生巨大的转变。

然后，选择"以这样的方式生活"，拥有自己的生活愿景。

幸福工作的人，非常明确自己的目标是什么（What），不畏艰难，无论如何也要描绘人生蓝图，也就是"生活愿景"。

因为明确了目的地，所以即便途中遇到了曲折，他们也能够以"理想中的自己"为标准，来做出判断和选择。他们也一直坚信，终有一天自己会抵达理想的彼岸。

我过去也曾因为"做轻松的工作就好了""中途也可能结婚吧"等这样的念头，随波逐流地选择工作。因为没有明确的目的地，所以迷茫无措是理所当然的。

"我想成为这样的人""我想以这样的方式生活"——这样的愿景，不仅关乎生活方式，也是工作的中心。

最后，我选择成为"更有赚钱能力的自己"，对自己有高度的肯定感，也就是"积极摸索如何工作（How）、寻找赚钱的方法"。

幸福工作的人，可不会觉得"赚得差不多就行了"。他们始终追求更高的目标、进一步的自我成长，并相信报酬是与为他人提供的帮助的价值联系在一起的。他们并不视金钱如粪土，而是把金钱当作重要的生活资源，紧紧地抓住。

过去的我收入很低，却觉得"因为我是上班族，所以没办法啊""自由职业者大概就是这样吧"，这样的想法简直是自暴自弃。

一直这样下去，渐渐就会觉得"自己什么也做不了",对自己的肯定感也会越来越低……如果相信"我能够做到",道路自然而然会越走越宽,目标也会水到渠成地达成。

　　仔细思考目的（Why）、愿景（What）、方法（How），是成为幸福工作者的基础。

消除贫困、孤独与不安的要点

02

☑ **思考以何为目的、以何为目标、以何为方式去工作**

03. 明确"为了什么在工作"

关于"幸福工作的三个法则",可以更详细地解释一下。

之所以工作得不幸福,或许是因为从一开始就把工作和幸福对立了起来。

英语中"salary(薪水)",源于单词"salarium(盐)"。在古罗马时代,士兵从政府手中获得既为货币又为生活必需品的盐,而"士兵"总是成组织、讲纪律地活动。在日本,以获得薪水来维持生活的人被称为"salaryman"是从大正时代①开始的。

---

① 大正时代:日本大正天皇在位的时期(1912—1926年),短暂而相对稳定。该时代的根本特征是,大正民主主义风潮席卷文化的各个领域。大正前期为日本自明治维新以后前所未有的盛世。当时欧战结束,民族自决浪潮十分兴盛,民主自由的气息浓厚,后来称之为"大正民主"。

在那之前，大部分日本人是以农业和商业维持生计的，上班族这种不问工作结果、只在固定的时间工作从而获得报酬的工作方式，对当代社会的影响可以说是革命性的。

即便在经济高速发展时期，人们工作的主要目的，也是为了获得报酬，维持宽裕的生活。

但是，在个人能够受到一定教育、自由选择职业的时代，只把工作看成是"获得报酬的手段"，实在是有点浪费了吧？

如果没有找到工作本身的"幸福感"，就不会对工作感到满足，人生就会变得非常无聊。

在工作中有没有令自己着迷的目标，很大程度上影响人对工作的看法。

作为工作的报酬，我们需要的不仅是"金钱"，更重要的是"快乐"。

工作的时间，正是让我们的人生丰富起来的宝贵时间。选择一份工作，选择"做什么"，就是在选择人生——这么说一点儿也不过分。

要成为幸福的工作者，必须意识到以下三个目的。

▶幸福工作者的三个目的

1. "为了他人（社会）"而工作

我们认真工作，是为了让世间的某人获得快乐。正因为切实地感受到了这一点，我们才会有"工作值得做"的使命感，才会觉得还要更加努力。在公司工作，是通过公司为社会做贡献，为自然和宇宙做贡献，也就是为周围的人做贡献。

2. "为了家人"而工作

通过工作，我们能够维持家人和自己的生活，时刻守护家庭，让家人感到幸福。只有经济自立，才能自己决定自己的人生，才能与家人和周围的人平等地相处。让家人看到自己工作的身影，对孩子的成长、亲子关系也会有好的影响。

3. "为了自己"而工作

通过工作来实现自己的目标，我们能获得自己想要的东西。通过工作促进学习，我们不仅仅能提高自己的工作能力，还能获得自身的成长，实现自己的梦想，为自己感到骄傲。通过工作让他人快乐，我们能够提高自我肯定感，让自己获得快乐。

让他人获得快乐，让自己成为家人的骄傲，实现自己的梦想，这三个目的交织在一起，我们不仅能让社会上的他人快乐，也能让家人和自己获得幸福，三者不分先后，不可偏废其一。

最重要的是，我们要明确地意识到这三个目的。

不论什么样的工作，都一定与"为社会""为家人""为自己"相关，只是有的显而易见，有的难以发觉罢了。

因此，必须正视"为什么而工作"，要弄清楚自己工作的目的。不仅是二三十岁的工作新手，就算是四五十岁的资深工作人，也有必要停一停，仔细思考自己的工作目的是什么。如果能够切实明白自己是为了什么而工作，我们就能感受到工作的快乐，发现进一步追求幸福的方向。

但是，认为自己是为了某些人和事而做出牺牲，持有这种想法的人是不会幸福的。

比如，单亲妈妈一般在经济上比较艰难，她们会以养育孩子为首要目的而工作，没有挑选工作的余地。有的单亲妈妈把孩子养大后终于松了一口气，却总有这样的心理："我在拼命工作时，虽说是为了孩子而牺牲，但我自己非常清楚，其实是孩子支撑了我。"

专职主妇为了支持丈夫的工作，承包了家务和育儿的工作，从这一点来说，主妇也是"工作的人"。但是，当孩子长大离家，她们常说的一句话就是"我这一辈子到底算什么？"语气中充满了空虚与茫然。

诚然，不论是谁，都希望"为了某人而努力""想成为值得骄傲的自己"。但是，在现在这个竞争激烈的时代，如果我们没有提前做好准备，到了特别需要工作的时候，就会发现"自己什么也不会做""没有愿意雇用自己的地方"，工作的选择范围非常狭窄。

当下，越来越多的年轻人不想被组织所束缚，不想在消费社会中随波逐流，但又想为社会做一些贡献，比起成为组织中的一个小小"齿轮"，直接参与社会活动，也能获得工作实感。

但是，仅仅这么想、这么做，是不够的。为了支持家人和自己的生活，我们必须在工作上有长远的、战略性的规划。

而且，当我们把所有的精力都倾注在一个目标上时，其他部分就会被忽视。

重要的是，每个人，尤其是女性，应该明确意识到要在"为了他人（社会）""为了家人""为了自己"这些愿景下综合考虑自己的工作和人生。

消除贫困、孤独与不安的要点

03

☑ 意识到工作的愿景是为了社会、

为了家人、为了自己

04. 花上一生去实现的三个目标

读到这里，你心中是否会有一些疑问？

如果工作是"为了他人（社会）""为了家人""为了自己"，三个目标要一起实现，是否太难了呢？

没错，现实中，我们确实会面临这样的选择。

如果"为了家人"——就要优先考虑工作的收入，那么我们可能就会为了多赚点钱，辞去自己喜欢的工作，可能就无法实现自己的梦想。

如果"为了自己"——追求自己想要做的事，我们就很难顾及收入，也做不到"为了家人"。

如果认为工作就是为了"赚取生活费"，我们可以趁着工作间隙和休息日，开展志愿活动，扩展个人兴趣；如果认为"虽然做着喜欢的工作，但收入很少"，就做兼职，不够的生活费就靠副业来补足。

我想提出的建议是，不管花多少时间，我们最终都要走在追求幸福的路上。即便眼下很难，但只要准备个五年、十年，一切皆有可能。

女性的人生中，有结婚、育儿、照顾父母、工作变动等易变的因素。

就算二十多岁时"为了自己"而努力工作，可一旦结了婚，有了孩子，到了三四十岁，很多人都以家庭为中心了。然后，等到孩子长大，女性终于可以放手了，开始想要追求"自己能做的事"，到了五六十岁，"为了他人"而开始想要做点什么。

有时候把"为了家人"放在第一位地工作，有时候"为了自己"而学习和工作……事实上，不同的时期侧重点有所不同，是常有的事。但是，不管怎样，我们都是以"为了他人、为了家人、为了自己"这三点为工作目标，所以就算是某段时间侧重于其中一个，也可以作为特殊阶段的目标而接受。

我知道有一位女性，靠做巴士导游工作认真存钱，去美国留学学语言。之后，她利用学到的翻译能力，在外资企业就职，与一位同事结婚，有了孩子。现在，她依然快乐而充满意义感地工作着，这时候，她的工作更多是为了他人。

还有一位女性是单身母亲，她说："我现在为了孩子而做着营业的工作。但是，等8年后孩子成年了，我想开一间咖啡店，做有机料理。"于是，她一边工作，一边学习料理。

朋友的母亲，三四十岁的时候是家庭主妇，到了五十岁，去美国的大学留学，学习心理学，成为临床心理师，六十岁的时候正式开始了临床心理师的事业，如今她已年过七十岁，作为能说英语的心理师，请她进行心理辅助的在日外国人络绎不绝。

通过她们的人生，我们可以看到，"为了他人（社会）""为了家人""为了自己"这三个目标是可以不断调整的，不需妥协也能实现。

重要的是，要对未来审时度势，做好准备。

现在，就算是做着不喜欢的工作的人——非正规雇佣的单身女性、专职主妇、临时员工，只要有中心、有重点地坚持努力，五年、十年后，这些人的愿望就有可能实现。

最要不得的工作方法，是安于现状，无所作为。

十年前，我在快进入四十岁的当口，从小地方来到东京，既没有工作也没有门路。我做了一段时间的派遣社员和兼职，虽然昼夜都要工作，但我的心情却很愉快，也能享受手上的每一份工作，因为我有目标：总有一天，我会成为对他人有用的"码字"的人。

渐渐地，这个目标实现了，如今我就算不做别的工作，也能够生活了。

虽然家人不需要我在生活上的支持，但我却想着"趁父母还在世，要让他们看到我的工作成果，让他们安心"，这份心情成为我心灵的支柱。我出了多册书籍后，父亲去世，我想这也能给他些许安慰了吧。

只要心存重要的"目标"，不管现在做的是什么，都将成为"手段"。

不应当只为了自己，还要为了别人而工作，生命才有意义。"为了他人、为了家人、为了自己"——这种让所有人都幸福的工作信念，是我们一生都要努力去实现的。

消除贫困、孤独与不安的要点

04

☑ 对未来审时度势，做好准备

05. 明确自己想要的人生

　　有人无法描绘出未来的样子。在未来模糊不明的时代，不知道未来要做什么，不知道自己能做什么工作，不知道要不要结婚生子。所以，他们就只能考虑眼下的微末之事。也有人没什么特别想做的工作，虽然他们在私人生活上有很多兴趣——"想去旅行""想按照内心喜好做事""想去吃好吃的"，但工作嘛，怎么都行。度过平静的每一天，只要维持现状就好了。所以，他们不想在工作上花力气。最好，能有一份钱多、事少、离家近的工作。

　　那些不想积极描画未来蓝图、没有人生愿景、不能朝着目标行动的人，恐怕不是不能考虑未来的事，也不是没有想做的工作，而是因为隐约看见了会失去什么的"恐怖"，所以才把眼睛从想做的事情上移开吧。

　　还有的人，因"找到了想做的事"，把好不容易找到的工作给辞了。他们因为有真正想做的事情，即便目标遥远，也向着目标前进。不管过程中收入如何不稳定，也要追求想做的工作。因为做出这般充满勇气的行为，周围的人会评价他们："真有勇气啊。"

这些人可能并没有经过深思熟虑，只是因为拥有一股热情，因为有了"想要做这件事"的明确动力，所以感觉不到恐惧，便能够斩钉截铁地付诸行动。

我并非要否定哪一种人生，但能够追求真正想做的事情的人生，毫无疑问是幸福的。他们并不是"因为要做想做的事，所以不得不放弃其他的"，而是描绘了"做这个太棒了"的理想蓝图，让人生更加有趣、充实。

过去，我也曾是"画不出未来"的一员。

但是后来，我试着去相信愿望可以实现，以"做着出色工作的自己"为中心，构筑出"像旅行一样生活""与尊敬的人们构建良好的关系"的自己。

然后，不可思议地，我的目标一个一个地变成了现实。因为我的选择、我的行为，都让它们水到渠成地实现了。

人啊，不会去想不可能的事。所谓"恐惧"，不过是自己的错觉罢了。

明确知道自己想要什么，每一天都会变得很快乐、坚定和美妙。

明白能使自己幸福的道路，在行动上一以贯之，渐渐地，我们就不会再烦恼于"我就这样下去，好吗？"这样的问题。对于自己不想要的，我们也能痛快地放手。

只要有了目标，就不会因为与他人比较而陷于失落，也不会羡慕别人，而是自信地认为"我做我自己就很好"。

可能也有人认为："就算在工作上没有明确的蓝图，只要在私人生活上充实快乐，不也很好吗？"

但是，随着年龄的增长，一直持续做不想做的工作，我们将会变得很吃力。最终，会因为退休或其他原因离开公司，这时候再想"做点儿什么才好呢"，就只能迷茫于街头了。

关于描绘生活愿景的方法，有以下三个窍门。

（1）选择发自内心想做的事

实际上，在每个人的内心深处，都有"想要做这件事""如果能实现这个愿望，我会非常高兴"的想法。与其冥思苦想自己想要做什么，不如以这种给你带来"快感"的事情为路标。

（2）"能做到这样就最棒了！"——这样的愿景，保持在三个以内

这也想要那也想要的结果，就是分散精力。坚持把想要做的事一件一件地完成，再把新的目标加上就好了。

（3）不是用文字，而是用有故事的场景来想象理想中的生活

像彩色电影那样，将场景深深刻在心中。坚持不断地提醒自己"想要实现这样的场景"，我们就会做出与其相应的选择。

在寻找"怎么办"的方法之前，重要的是先确立"我想要实现什么"的生活愿景。只要找到了目标，方法就会跟着出现。

不论何时，人们都会有这样的恐惧："事情不会那么顺利吧？""工作，不就是很辛苦的吗？""事到如今已经迟了吧？"如果我们一味陷入其中，就会让自己宝贵的人生时光白白流逝，最后也许只能叹息"要是当时做做看就好了""要是当时再挑战一下就好了"。

请朝着这样的目标前进："因为我想要这样的人生，所以我要这么工作。"

设定理想的生活愿景，然后以此为出发点选择行动，假以时日，我们的目标一定会实现。

消除贫困、孤独与不安的要点

05

☑ 以自己的心为路标，

认真面对人生，积极挑战自我

06. 选择"更加能赚钱的自己",提高自我肯定感

有些人会这么想:

"因为做着自己喜欢的事,所以即使贫穷也能坚持。"

"女性只要结了婚,丈夫有收入,自己的工作只要差不多就行了。"

当然,只要能真的认同这些想法,并无不满,这就没什么问题。但是,如果从一开始就刻意避开赚钱的事,比起"不赚钱也行",最后就容易陷入"自己不会赚钱"的自我否定中。也就是说,在"赚钱"方面,对自己的肯定感是很低的。

钻到钱眼里当然也不好,但最近有一种肯定贫困的风潮:"虽然贫穷,但只要能积极地活着,不也很好吗?"我不

是很赞同。

我认为，对人生来说，"赚钱"是非常重要的事。之所以这么说，是因为人要活着，就得赚钱。就像动物活着就要觅食一样，这是自然而然的事，人要靠自己的双脚走路。

我在《金钱、安全感与女性自由》一书中，提出"比起吭哧吭哧地存钱，不如成为六十岁也能每月赚十万日元的女性"的观点。

虽然这是我在有了各种工作经验后提出的观点，但实际上，不论什么样的工作，只要积累上五年、十年，谁都能达到教导别人、被人称为"专业"的水平。

做菜、泡咖啡、教瑜伽、摄影、心理辅导、给人化妆、美甲、时尚搭配……这些都是从现在所做的工作中派生出来的工作，有很多方法可以将很小的事精进成一个专业。

要想实现大大的梦想，可能需要进入大学或专门学校学习，取得职业资格，认真地通过实践积累经验等等。

五年、十年……听起来似乎是很长的时间，但白驹过隙，回过神来不过是一眨眼的时间。日拱一卒，功不唐捐，一点点的积累终将成为压倒性的优势。

只要花时间准备，不论是谁，一定都能获得"赚钱的能力"。

克服困难，品尝酸甜，在人生中最成熟的时期，拥有"被他人需要"的工作，我们的心会因此更加坚强有力。

比起拥有一份存款却因为害怕有一天花光存款而不安地生活，拥有持续安定的人生才是真正的幸福。

所谓"每月赚十万日元"，虽然在退休后第五年能拿到这个数目的年金，但如果不用等到六十岁，就能通过自己的工作和生活赚到这个数目，并描画出未来的生活场景，这难道不是很棒的事吗？

不论从三十岁开始还是从四十岁开始，五十岁开始也行，只要我们以"六十岁时每月赚十万日元"为目标开始努力就好。向着"理想中的自己"努力，从来没有晚的时候，越积累，越容易实现梦想。

也有人这么想："就算不能选择工作，但一定要有愿意雇用自己的地方。"

但是，以自由职业者的心态来工作，对任何人来说都是必要的。

就算在组织中工作，如果没有"一个人做买卖"的心态，总有一天会觉得工作无聊，自己的职位也可能变得不稳定。

会工作的人，能吸引工作自动找上门；不会工作的人，与众多竞争对手争抢谁都能做的工作，就和所有在劳动市场中提供一般劳动的人一样。

一个人如果面临这样的情况，便不可能在工作中获得自信的吧。

所以，我希望你选择成为"比现在更能赚钱的自己"。随着你自身的成长，有求于你的人会越来越多，钱也自然地跟着来了……我希望你选择这样的工作方式。

只要选择"更能赚钱的自己"，自己独有的工作方法就会自然而然地出现。

"我有能力，所以无论如何都能靠自己活下去"——这种心态，是最棒的自我肯定。

简简单单就能赚到钱，而且能够持续下去——这种方法实际上是不存在的。要是有的话，谁都能随随便便成功了。

成为"能赚钱的自己"需要花费时间和精力，但正因为这件事不是简简单单就能做到的，所以"能赚钱"才是有价值的，才能提升自我肯定感。

消除贫困、孤独与不安的要点

06

☑ 积累工作能力，

成为更能赚钱的自己

第二章

转变工作方式

为逆袭制订战略

07. 满怀希望，以"大器晚成"为人生目标

有不少人到了三十岁就觉得人生的胜负已经定了。不论怎么说，世间还是有"胜利组"和"失败组"的。从好大学毕业、进入大公司工作、获得优厚薪水的人是"胜利组"，与能赚钱的男性结婚的女性是"胜利组"，生了好几个孩子、能为孩子的教育一掷千金的人是"胜利组"……

过去上同一所学校、考同样的成绩、在一起玩耍、参加同样的活动的人，如今有的人在优越的环境中发挥着自己的能力，而没有进入"胜利组"的人是不是会不自觉地产生"我们之间有差别吗？""我是不是哪里出错了？"的想法，伴随而来的是蓦然失落的心情，这种落差感不难理解。

但是老实说，我觉得人与人的胜负无所谓。因为这其

实没什么意义，人生不是能简单做比较的。更何况，本来也不存在什么必须取胜的比赛。比起和他人的比较，重要的是"自己的人生"中的胜负。比如说工作，与其纠结"自己到底能挣多少钱"，不如思考"自己能把工作做到多满意"——这个命题更宏大。

我在二三十岁的时候，多数时间都在白忙，有时候会自己对自己说："我的人生，原来就是这么一回事啊""这样也不错吧，这样就够了"，但在内心深处，另一种想法却一直萦绕不散："人生不应该是这样的吧？！"

我应该还能更进一步的。只要努力，能力一定会得到提升；只要好好做事，人生一定能顺利地形成良性循环。只要技能和能力得到提高，就可以做出色的工作。然而，我到底能做什么，当时的自己完全没有头绪。

到了四十岁，我终于找到了能发挥自己能力的地方，我感慨："二三十岁的忙碌，并不都是白费的。"

在人生的低谷期，我会烦恼"怎么做才能被公司需要，自己才有安身立命之地""怎么做才能与周围的人建立良好的关系"等等，伴随着这些烦恼，我努力前进，这样的经历最终成为我生命中最宝贵的财富。

即便在大公司里，我们也会有低谷期，会觉得工作很辛苦，被斥责时会失落，但在重重压力中努力做完工作，这些都会成为宝贵的财富。体验过这些挫折后，我们就会觉得之后的工作、人生比以前轻松多了，然后，我们也更容易实现自己的梦想，更有机会体味到工作的乐趣，"坚持到现在，真的太好了"。

如果我们在二三十岁的时候在温水中安于现状，就算有一天我们想要离开舒适区，也离不开了。就像在温水中被煮熟的青蛙，就算觉得不舒服，它也挪不开窝了，当它被放归自然的时候，只会困惑："从今以后，我该怎么生活下去呢？"

没有从头到尾都一帆风顺的人生，人总会在某个时期挣扎、痛苦。那么，不如尽可能地在年轻的时候让自己置身于可以多学习的环境，之后再享乐，这样其实更好吧！

二三十岁的时候，我们就算没钱，努力后得不到回报，也并不那么悲壮。但如果到了四五十岁的时候我们依然处于同样的境地，人生就很苦涩了，因为我们失去了对自己的肯定感。

"虽然过去曾有风风雨雨，但我现在很满足"，能逆转工作和人生的人，都有以下三个特征：

（1）储备赚钱的能力

留意公司之外的事，储备赚钱的能力。在工作中或在工作外独自构筑能够"随身带走"的技能和人脉，到了人生的后半期，这种持续的"积累"会起作用的，会给我们带来很多机会。

（2）再小的工作也会珍视

不管多小的工作任务，在一样一样地认真完成的过程中，我们能通过工作积累最重要的东西——信用。要想获得更好的工作机会，就要珍视眼下的"小工作"。为你带来逆转的，是被努力工作的你所感动的人们。

（3）向着目标自主地前进

要胸怀大志，"总有一天，我要成为那样的人"，重要的是要自主地前进。只要行动起来，就会吸引到必要的机会。重要的是"不放弃"，灿烂的未来是为了相信它的人而存在的。工作能力和处理人际关系的能力提高的话，上天自然会为你准备与之相符的机会。

尽可能早地开始储备能力，在人生的后半段开始输出。

我之所以觉得人在四十岁以后能实现"人生逆转"，是基于以下的理由：

（1）随着年龄的增长，我们可以更加清晰地认识到自己想做的事和让自己的能力得以发挥的地方；

（2）我们能够更好地理解世间的规则，也能更好地掌握向梦想靠近的方法；

（3）我们能更容易地与同辈中的有能力者联手，加速梦想实现的进程；

（4）我们能够更好地借助他人的力量来解决问题，将自己的精力专注在最重要的地方。

也就是说，人生要到后半段，可能性才更广，那时我们能完成更出色的工作，能够更大胆地做出改变，与此同时，我们才能做更多对社会有贡献的事。

以"大器晚成型的人生"为目标，何乐而不为？

消除贫困、孤独与不安的要点

07

☑ 能够逆转人生的人，

都会朝着目标自主前进

08. 在制订战略之前掌握现状

"在自己的人生中获得胜利"，并不是一定要有人输。

"是否在自己的人生中获胜"，是指"是否在朝着自己满意的人生方向前进"。虽然也是"在世间作战并取胜"，但重要的是与他人实现双赢的关系。工作既能让自己幸福，又能对社会有所贡献，就是"胜利"。

在制订战略之前，首先必须要做的，就是"把握现状"。

作战的第一步，是尽量客观、正确地掌握现状：自己拥有什么样的武器，作战的对手是怎样的状态，如果不知道这些，我们就没有办法战斗。

虽说如此，却没有比自己的事情更让人摸不着头脑的事情了。人们面对自己的事情，要么太乐观，要么过于严格，总之很难正确认识现状。

请试着把自己当作自己的好朋友，按照以下顺序来看看自己的情况。智慧而有爱的朋友，一定能成为出色的参谋。

▶掌握自己现状的步骤

STEP 1 接纳现在的想法。

"你对现在的自己满意吗？""你现在过着理想的人生吗？""如果你有不满的话，是什么呢？"……请坦诚地面对自己的内心。

"不想就这样过一辈子""没有做自己理想的工作""自己被人看不起了"等等，当这些负面的情绪出现时，也请接纳自己。正因为有不满，我们才有促使自己改变的动力。

可能也有人想："虽然工作内容不错，但收入和工作方式令人觉得不满。"分析这些不满情绪产生的原因，是制订战略的关键。

与此相反，也有人觉得"这样就很满足了""没什么不满的"，但这种心态实际上是很危险的。为了能持续保持现状，我们也需要一些积极的行动。

首先，我们需要完完全全地直面自己的心情，因为这与"自己为什么会不满""自己究竟想做什么""自己想到怎样的地方去"息息相关。

STEP 2 抛开情绪，思考自己所拥有的"武器"。

在情绪充分涌现之后，充分释放自己的负面情绪，化身为自己的理性朋友，请抛开情绪，思考"为了战斗，自己拥有什么'武器'"。

所谓"武器"，就是为社会做贡献的工具。"我能做网页设计""我的英语水平是雅思七分""我能做料理""我能做发型、化妆"……不仅如此，"我擅长与初次见面的人打成一片""我擅长收纳整理"……这些也能成为间接的"武器"。迄今为止，你做过哪些事情，可以给周围的人带来快乐，获得别人的赞美？灵感就在这些事情中。现在，请找出这样的"武器"吧。

可能会有人说"我什么特长也没有"，或者"虽然我能做这件事，但还达不到能自夸的水平吧"。即便如此也没关系。对于这些人来说，重要的是，干脆地承认"我什么也不会""我的水平不过是'半瓶子醋'"。只要能正确地直面现在的自己，就可以考虑："哦，我所拥有的武器就是现在这种状况啊。那么，从现在的状况出发，我该怎么战斗呢？"

在你目前所拥有的"武器"状况下，打赢以少胜多的战役可不是容易的事。

STEP 3 根据当下的处境，思考"能为他人做的事"。

在掌握了自己的现状后，我们就能更好地理解世间的事，特别是增强自己对公司和组织的认识。如果是自由职业者的话，我们也能更好地理解付钱雇自己干活的顾客。

首先是理解他们都有什么样的需求。比如说，如果从事非正规雇佣的事务性工作，老板会"希望你按照时间来做安排给你的工作"；如果是销售，老板会"希望你每月达成多少万日元的营业额"；如果是自由职业者，甲方会"希望你按给付的报酬产出好结果"……公司的目的是通过为社会做贡献来获得利益，因此这些需求都很好理解。

我曾经在服装店做店长，因为是兼职，所以干活拖拖拉拉。虽然我会向公司提出建议，但目的是为了自己在工作中更轻松，结果可想而知，我的建议被全部否决了。同期入职的店长们最后基本都因为类似的问题而身心俱疲地辞职了。

当我处于"已经不行了……"的边缘时，突然想到了一句话，即"这个职场，只需要'一次性'的人才"。虽然这句话说得刻薄了，但公司确实只需要增加几个像小马一样年轻、健康、顺从的员工就能提升工作效率。我也更好地理解了"要想获得发言权，就必须要有与此相称的立场"这句话的含义。

当然，社会上并不都是这样冷酷的公司，现在那家公司的用人制度也有了相当的改善。但是，公司并不会关心每个员工是否幸福。

如果感到"干劲和能力都在白白浪费"，严肃地说，这种情况很可能是因为"公司所需要的"和"自己能做到的"，即能成为"武器"的东西，产生了错配。

这里所说的"武器"，只有当人们有求于你的时候，才会发挥它的威力。

这就需要你理解社会中的潜规则和看似矛盾的规则。比如说，从二流、三流大学毕业的学生，想被大企业录用，就需要有与此相称的"武器"。非正式员工即便与正式员工做着同样的工作，收入可能只是后者的一半以下（虽然企业表面上宣称"同工同酬"）。作为女性，即便有能力，也会因为"是女性"而难以获得升迁的机会。

这不是简单的"好"与"坏"的规则，现实就是这样，所有规则必然有存在的理由。

与其简单"放弃"，不如准确认识或者明白这样的现实，要么做到让对方满意，要么跳槽到别的地方，要么找到实现跃迁的方法。

　　理解社会现实，是为战斗做准备。为了挑战这世上的规则，掌握现状是很重要的一步。

消除贫困、孤独与不安的要点

08

☑ 在开始战斗之前，
先掌握自身现状和社会现实

09. 在"转变"中走上最优的工作道路

我觉得，在现在这个时代，什么样的人都能生活下去。

迄今为止，大多数人都是顺从着社会既定的道路生活下去的。男性工作直到退休，上了年纪后靠着退休金生活。女性结婚、生子、成为专职主妇，要么在丈夫的经济能力范围之内生活，要么做点儿不影响照顾家庭的工作……人们基本上都过着这样的人生。

然而，在现代社会中，个人的婚姻选择和工作方式都变得多样，大家不可能走在完全一样的人生道路上。

进入新世纪，个人的生活方式将不断发生变化，如果我们还像过去一样死守着一种生活方式不放，别说维持现状了，很可能要面对比以前更严峻的道路。如果不愿接受变化，不愿积极地去改变自我，就会陷入"随波逐流"的人生。为了实现"大器晚成型"的人生逆转，我们必须享受探索"我能做什么有趣的事"的过程。

除了行动上的积极改变，我们还应当放弃迄今为止觉得理所当然的想法。比如，"女性就是要做家务""如果做了管理层，就必须要做繁重的工作""我恐怕做不到"——抛开这些先入为主的成见，自由地想象"我要怎么做，才能实现理想"。

转变工作方法之后，我们是否能实现人生的逆转，取决于是否能自由自在地描画自己的人生道路。

在追求人生事业的道路上，我认为有以下三个重要时期。

虽然有很多人以退休年龄六十岁到六十五岁为分水岭，将人生事业划分为两个时期，但在这里，我设想大家六十岁以后也会工作。

▶人生事业的三个时期

（1）事业的春天（二十到三十多岁）：顺着社会的主流道路不断学习和积累经验；

（2）事业的夏天（四十到五十多岁）：沿着自己独有的道路前进，持续输出；

（3）事业的秋天（六十岁以后）：进一步按照自己的节奏前进，将事业推向顶点。

比如，让我们来想想厨师的人生事业吧。"春天""夏天""秋天"的变迁如下所述：

"春天"是年轻但资历如一张白纸的时期。厨师一边在饭店工作，一边学习，不断积累经验。或去国外的餐馆工作，或进入料理学校进修，或取得调理师、营养师的资格。

"夏天"是自由活动、输出成果的时期。厨师会专注于某种专门料理，开设自己的餐馆，经营被称赞"独特"的店铺。虽然菜品的价格有点儿高，但前来消费的人络绎不绝。

"秋天"时，厨师已处在成熟的事业中，按照自己的节奏自由享受人生。他在自己家里提供仅周末供应的预约制晚餐，或者不定期地开设料理课程，或者作为志愿者，为地方上的仪式或运动会做饭。

人生事业的三个时期，也就是从"各种各样的输入"到"有自己风格的输出"，到"自由地享受工作"这样的道路。

当然，道路是因人而异的。有从学生突然转为创业者的人，也有退休前一直在公司工作，到了四五十岁，舍弃已有的工作，从头开始学习的人。

尽管不是一直做同样的工作，工作内容发生了改变，但此前的经验也会起作用——这样的情况是存在的。

现在有些人老了后不想工作，他们并不是因为不能工作了，而是缺少想工作的愿望。退休后回到起点，与其做谁都能胜任的工作，做只有自己能胜任的工作，才更幸福吧！

重要的是，一定要将"转变工作方式"的信念放在头脑中。这样，最优的工作道路才会自然而然地展现在眼前。

能够实现人生逆转的人会经常考虑下一阶段的方向，及时转变工作方式。

比如，有一位曾是翻译家的女性，考虑到"一直这么工作下去可能过不了好的生活"，于是，从四十岁开始，她开始学习房地产知识，从小规模的不动产开始投资，现在已经有了好几栋价值数亿日元的公寓。

有一位女性是社长，到了四十岁时，她把生意转让给别人，开始了半退休的生活。现在，她不把赚钱作为目的，而是想做对人有用的工作，于是开始为女性提供学习的场地，也做经营方面的咨询工作。

有一位女性曾经是英语教员，在三十岁前辞职。结婚生子的同时，她在大型英语会话学校工作，然后独立创办学校。到了四十岁时，她一边经营着英语会话学校，一边在医学部的研究生院学习关于支配语言学记忆的脑神经的知识。

她们都不是突然改变了工作方式，而是努力朝着自己的目标前进，在前进的过程中，机会慢慢出现，她们的新事业逐渐发展起来。

还有，在考虑大的人生道路的前提下，对数年间的短期道路进行调整也很重要。

我在"奔四"的时候成为自由撰稿人，从向杂志投稿到出版书籍，不断转变媒体，改变自己书写的内容，新的变化一个接一个地出现。

如果沉浸在工作中，我们自然而然地会萌生"接下来，我想成为这样的人""我想试着做那样的事"的想法，就会看见新的方向。不是从最初就决定了自己要走的路，而是根据社会和自己的状况，审时度势、随机应变。然后，对未知的未来充满期待。如果过一种一眼能望到头的人生，难道不觉得无聊吗？

消除贫困、孤独与不安的要点

09

☑ 一边思考大的人生道路，
一边对数年间的短期道路加以修正

10. 向灵活的工作方式转变

我之所以认为应该调整工作方式，最大的理由是：如果我们只按照社会和组织的既定规则随波逐流地工作，就会让自己的幸福溜走。

反过来说，要想抓住幸福，就有必要将自己作为主体，自己来选择工作的方式。特别是女性，每当结婚生子、照顾父母这类生活的琐事堆到一起，她们就会产生"稍微停下来一段时间吧""暂时先按轻松的节奏来工作吧"这样的想法。

近几年，男性中也有人有"想要更多与孩子在一起的时间""想成为足球队的教练""想在留学之后跳槽"之类的想法。

如果是单身女性，可能会有"想在国外工作""想成为志愿者""想过田园生活""想挑战有兴趣的工作"之类的想法。

这种时候，如果能够按照自己的节奏来工作，还能做自己想做的事，该多么幸福啊。

但是，有人会说："怎么可能按照自己的节奏来工作？那是不可能的。只要进入了组织，服从组织安排就是理所当然的。"这样说的人，如果除了工作之外没有自己想做的事情的话，自然没有问题。但是，哪怕他们在一小段时间内有自己想做的事情，却从来无法拥有属于自己的时间，也做不了自己想做的事情，他们会希望自己的人生就这样结束吗？

日本社会中，目前的雇佣制度中，"大学毕业后开始工作，一直工作到退休"是惯例，但这样的终身雇佣制正在渐渐瓦解。

那些认为"工作=被雇佣"的人以及认为自己除了从属于组织外没有别的道路的人，恐怕已经处于停止思考的状态了。

当然，一个人在二十多岁的时候，在组织中想优先考虑自己的事情是很困难的。但是，到了三四十岁……随着工作能力的提高，我们向灵活的工作方式转变的可能性也在增加，还有可能跳槽到理想的地方，甚至开始创业。就算没有工作能力和实际成绩，我们也能重新开始学习，让自己拥有新的工作方式。只要能够提供有价值的技能，我们就能向灵活的工作方式转变。

有一位设计师，他曾经在一家服饰制造公司工作，以自己的工作业绩和人脉为"武器"，在辞职后自立门户。现在，他一边在之前工作过的公司和其他公司做设计师，一边发展着个人的服饰搭配事业。

"下定决心独立出来，真是太好了！现在我可以按照自己的节奏来工作，几乎没有压力。我希望一辈子就这样工作下去。"他说。

我还有一位朋友，他曾经是位系统工程师，每天做着非常繁重的工作，他觉得这样工作下去没有前途，于是在三十多岁时辞职，成为一个玻璃工房的学徒。前几年他只能挣到刚够糊口的钱。但修炼几年后，他独立出来，现在，他作为一个玻璃工艺作家活跃在工作舞台上。

"我现在在经济上虽然算不上多富裕，但能够做自己喜欢的工作，过自己想过的生活，精神比之前富足多了。"

还有一位女性，她以被大公司裁员为契机，在三十五岁后进入看护学校学习，后来重新就职。

"在我思考今后要做什么的时候，童年时想成为看护师的梦想就浮现出来了。"她下定决心奔向新的工作，从而开启了第二段的工作与人生。

虽说他们的转变算是一种豪赌，但能够挑战自己想做的事不也是一种幸福吗？

我在国外常常遇到日本背包客，他们中的很多人是看护师、药剂师等与医疗相关的从业人员，因为他们有"任何时候都能找到工作"的安心感，所以才能暂时离开职场。只有在劳动市场中有需求，灵活的工作方式才有可能。

不管是想要转变工作方式的人，还是疑惑着"是否就这样一直干到退休"的人，请停下来想一想："十年后，我想以什么样的方式工作？""什么样的人生才是幸福的呢？"试着具体地模拟一下未来的人生场景吧。

对于大多数人来说，一旦有了确定的工作，他们就不会再找新工作了，但无论何时，无论做什么样的工作，都要不停地探索自己的各种可能性。这一点很重要。

转变工作方式的途径，主要有以下四条。

▶转变工作方式的途径

（1）尽量努力，在现在所属的公司达到理想的工作状态；

（2）换到能实现自己理想的公司；

（3）将自己想做的事情作为副业；

（4）辞职，选择创业。

如果你有"想试着做一做"的事情，就不要认为"反正是做不到的"，不要一开始就这样否定自己，而要思考"怎样才能做到"，认真地制订转变工作方式的战略。

"为了实现理想的生活，我要用怎样的工作方式呢？"

"已经实现了理想的人，他们用了怎样的工作方式呢？"

"经济上，我怎样才能维持生活呢？"

"怎样准备、怎样安排，事情才行得通呢？"

"遇到挫折时，我应该怎么办呢？"（"托底"思维是很关键的）

在这样思考的过程中，我们能发现突破的办法。办法总比困难多。

在充分考虑之后，如果我们得出"果然，我还是用现在的工作方式最好"的结论，也可以。

重要的是，不要觉得"只有这条路能走"，不要没经过思考就放弃，而要在研究了其他的道路之后，自己主动地选择最有利的工作方式。

消除贫困、孤独与不安的要点

10

☑ 充分思考和权衡多样的

工作方式

11. 选择能够给自己储蓄"资产"的工作

为了转变工作方式，重要的是"提升'自己'这个商品的价值"。自己拥有的被别人需要的价值越高，工作方式就越容易向有利的方向转变。

劳动力是一种商品。工作的价值与商品的价值原理基本相同。

作为职场人，提升自己的价值的方法，主要有以下三种。

▶**作为职场人，让自己增值的方法**

（1）投入时间和精力，让自己增值

如果你花费了时间、精力和其他成本构筑自己的竞争力，那么工作的价值也会随着你的投入而变高。比如，假设你要建房子，需要找一位建筑师来做设计。比起新入行的建筑师，你会更愿意选有多年经验和出色成绩的人。为了出色地完成工作而花了足够的时间和精力，这样自己的技术理应得到提高。

（2）增加个人品牌力，让自己增值

你与别人有什么不同？通过为自己贴上清楚直接的标签，你就可以在市场上构筑有利的地位。如果是建筑师，"有一级建筑师资格证""在比赛中获过奖""曾经跟随某位名人学习""擅长设计含有传统元素的现代建筑"，拥有这些资历，再加上迄今为止客户给出的评价，就可以构筑自己的品牌力。

（3）了解需求和供给的关系，让自己增值

价格是由需求和供给决定的。经济形势好的时候，想建房子的人增多，设计可以以较高的价格卖出。还有，当只有很少的建筑师拥有某项特殊技能时，他们的劳动价格就会更高。相反地，如果拥有这项技能的人过剩了，其劳动价格就会下跌。

作为职场人所拥有的"资产"，不仅仅包括工作上的技能，还包括让别人说出"想与你一起共事"这句话的人际协调能力和能够带来资源的人脉关系，这些都能成为你的"卖点"。

十多年前我游历世界的时候，在欧洲和中东，有人冲我喊："NAKATA！NAKATA！"

日本人一定会联想到足球运动员中田英寿[①]。他在旅行途中，经过边境询问站时被人认出来，连安检也不用就获得许可通过了，还在旅行目的地获得了接待。还有其他很多关于他的传说。这让我不禁想到：难道足球运动员就是日本在世界上最受欢迎的职业？

作为足球运动员，中田英寿在欧洲联赛和世界杯比赛中表现优异，拥有闪耀的战绩，他之所以能在世界上家喻户晓，是因为他作为运动员付出了非同寻常的努力。他平时就很重视基本练习，即便不出场比赛，也要像在赛场上一样跑够九十分钟，克己禁欲。从考虑加入意大利国籍时起，中田就开始学习意大利语，之后他又制订了学习多国

---

① 中田英寿：中田的日语发音是"NAKATA"。

语言的计划。在别人看不到的地方，他花费了惊人的时间和精力，才构建了他个人的品牌力。正因为如此，中田在结束足球运动员工作后，寻找新的人生道路时比较顺利，他不仅做着与足球相关的工作，还担任企业的董事、观光厅的顾问等等，从各种地方投来的橄榄枝络绎不绝。恐怕只要不犯大的错误，中田就能靠"NAKATA"的名声过一辈子。

让自己增值的核心依然是转变工作方式。不论是明星还是普通人，都应该有这方面的计划。

为了转变工作方式，像没头苍蝇一样，胡子眉毛一把抓地蛮干可不行。

不要根据工资的高低、工作的轻松程度来选择工作，而要选择能给自己积累价值和资源的工作。

所谓报酬，不只包括金钱，还包括不断积累的信赖，这些价值能带来新的工作，然后又能积累更多的价值。

我在刚成为自由职业者的时候，除了稍微写点儿文章、拍点儿照片之外，几乎没有被人信赖的价值，既没有在公司长期工作的实际成绩，也没有做过什么大的项目。

所以，为了构筑自己被人信赖的价值，我花了好几年。从小的杂志记事开始，认真地对待每一份工作，为了让别人说"你做得真不错啊"，我坚持努力。

工作中认识的人脉，尽量不让它断掉。在这样做的过程中，我获得了一个写书的机会，从那以后，机会接连不断地到来。所谓"自己的资源"，说到底，是一点一滴积累起来的。

虽然有人说："普通的公司职员可没有这样的资源"，但在一家公司长期工作，其实也是你莫大的信用。

只要在公司里工作，我们就一定会有感到辛苦的时候，也能理解社会的常识和组织中的潜规则。在不知不觉间，我们就能提高处理工作的能力。

如果有伙伴说"这个人很能干"，就表示你值得信赖。在现在的工作岗位上一点一滴、连续不断地积累，这些小成绩将会成为你转变工作方式的重要垫脚石，成为前进道路上实用的资源。

重要的是，从他人的视角来客观地看待自己："我为什么值得信赖""我为什么让人觉得有魅力"。思索公司外部的需求市场，不断在自己身上积累资源。

有一位公司社长曾经这么说："像我们这样的中小企业，说不定什么时候就会倒闭，我希望能培育出优秀的人才，让他们即便在面临公司倒闭的时候，也能被其他公司抢着挖过去。"如果在这样的公司工作，员工们能够一边成长，一边为公司做出贡献，而且在公司之外的世界，他们的价值也能适用，这是最理想的工作状态。

但是，不是所有公司都有这么长久的规划。

请不要让自己"只是在公司中当一枚螺丝钉""除了领到薪水，自己什么资源都没有积累下来"，要在公司里做能让自己充分积累资源的工作。

消除贫困、孤独与不安的要点

11

☑ 不要计算暂时性报酬的高低，

持续积累能留在自己身上的资源

12. 十年为期，制订实现人生逆转的战略

大多数人在二三十岁的时候，如果没能在工作上获得满足感，到了工作和人生的后半段，他就会想有没有什么实现逆转的道路。（我也曾是其中之一）

在某一段时间成为专职主妇的人，可能也会突然想到："我想做点儿什么。今后有没有什么可以实现逆转的方法呢？"

首先，让我们思考究竟什么是"逆转"吧。可能有人觉得和有前途的人结婚、中彩票头奖是人生的逆转，也有人认为通过网络生意或炒股赚到大钱就是人生的逆转。

但是，我想从工作和精神的层面来定义"逆转"。那就是：

做自己真正想做的工作，拥有发自内心感到快乐的人生。只要我们心中坚持这样的想法，就不会在精彩纷呈的社会中迷失方向。

还能通过做自己想做的工作获得满意的收入。

对于三十岁之后的人来说，虽然"逆转"很重要，但"一夜成名"是不现实的。

确实，有的人可能突然功成名就，或是成功地换了工作，别人可能会认为"那个人真是一夜成名啊"。

事实上，那是因为他平日里的一点一滴的积累在某天突然爆发出来，在旁人看来就像是"一夜成名"。对于奋斗了几十年的人来说，当被别人问到"至今为止你都做了些什么"时，他的答案才是在描绘现实。

被机会砸中的人也好，偶然"全垒打"的人也好，与他们相比，人们在现实中还是更期待三回里必然有一回"安打"①的人。实现人生逆转的唯一道路就是拥有真本领。

如果你二十多岁，可能在令人羡慕的一流公司就职，你的才能获得认可，能获得很好的机会，这些要素只是使

---

① 安打：棒球及垒球运动中的一个名词，指打击手把投手投出来的球击到界内，使打者本身至少能安全上到一垒的情形。安打可分为一垒安打、二垒安打、三垒安打和全垒打。

你拥有了"一夜成名"的"可能性"，要想让逆转的可能性一直保持，你就要付出相当的努力。

我认为，即使对于三十岁的人，逆转也并不是一件非常艰难的事。

所谓"逆转"，并不是像魔法一样只能通过意外得到的东西，普通人只要认真做事，也一定能掌握实现逆转的方法。

我想告诉渴望逆转的人们三个战略。

▶如何制订在人生后半场实现逆转的战略

（1）树立十年后能实现的目标（长期目标）；

（2）以长期目标为依据，树立一年后能实现的目标（中期目标）；

（3）以中期目标为依据，树立一个月内能轻松实现的目标（短期目标）。

一定要明白一件事：如果三十岁以后还做谁都能胜任的工作，你是实现不了逆转的。正因为存在困难，所以才称之为"逆转"。而且，挑战有难度的事情不仅更有趣，也会更有价值。

没有左右权衡的考虑，而凭着心中的热爱去拼命做自己真正想做的事——请试着想象一下"十年逆转剧场"吧。

在拼命去做之前，我们需要知道自己想过怎样的人生。如果跳过这一步，不知道自己的目标在哪里，就很容易陷入迷途。比如，想成为专家而后开一家自己的咖啡店，想进入大学重新学习而后成为历史学者，想掌握两国语言而后经营面向留学生的公寓，想开办家政服务公司，等等。与其左思右想后选择出来一个这样的目标，不如想想自己一直以来想做的事情，这才是你的心声。

应该注意的一点是：十年后，你已经拥有许多经验，与年轻一辈争夺基础工作的意义不大了，你好不容易积累下来的价值可能也无法发挥，那么之前所有时间、努力和精力成本就白白浪费了。所以，好好设想自己十年后的状况，设定"理想中的自己"，以此构筑人生逆转的基础。

当你制订好长期目标后，就以此为依据再制订一年可以实现的中期目标：取得证书、获得职业资格、进入大学重新学习、尽可能地去见同样为实现自己梦想而努力奋斗的人……你的脑海中应该会蹦出来很多这样的目标。

接下来，一点一滴地积累能轻松实现的小目标。因为如果不是能轻松实现的小目标，你会很难坚持下去。每天朝着目标行动，你会越来越自信，会相信自己：十年后，我一定能够实现目标。

所谓"逆转"，正是因为有长期、持续的积累才能实现的。一点一滴地积累能轻松实现的小目标，就能拥有完成困难任务的力量。

特别是对于那些认为自己没有什么特殊能力的人来说，除了把老天平等地分配给每个人的时间一点一滴地倾注到一件事上，他们没有别的实现逆转的路。三十岁以后的人虽然不必太焦虑，但还是应该把时间更有效地利用起来。

如果眼下的努力方向出错，我们就容易半途而废，还会萌生这样的想法："为什么只有我受挫？"

所以，希望你重视自己真正想做的事情，并以此为目标不断前行。

我自己现在还处于人生的半路上，并不认为自己已经实现了逆转，但我终于能在四十岁后做自己真正想做的工作，内心感到人生的快乐。

当我出版第一部作品时，我的梦想是成为被读者热爱十年的作家。有一次，我去拜访了一位前辈作家的工作室。他在五十五岁时出道，已经写了二十多年的书，当我看到他的书架上摆放的两百多本他自己创作的书时，我就在心里默默许愿："某一天，我也要创作这么多作品出来。"

二十年出版两百本书的话，就是一年出版十本。要实现这个目标，我该怎么做呢？彻底思考之后，我的答案是每天、每月一步一个脚印、踏踏实实地不断地写。

为此，我向有兴趣的人取材，阅读出色的作品，去旅行以打磨作品，这些都是必须的，也是我在不断实践的过程中渐渐领悟的。

朝着自己的目标前进，我们自然会知道下一步应该怎么做。

消除贫困、孤独与不安的要点

12

☑ 树立长期、中期、短期的目标，

从"能轻松取胜"的事做起

第三章

专家之路

出发点是自己有主心骨

13. 选择发自内心喜欢的工作

让工作变得幸福的方法只有两个：要么做喜欢的工作，要么喜欢上所做的工作。做着自己喜欢的工作的人固然幸福，但也有人喜欢上了偶然遇到的工作。比如，有的人在实习的公司发挥了才能，二十年后他成了该公司的领导者之一。再比如，因丈夫生病而辞职的主妇，再就职遭遇失败，在走投无路时开始经营网店。

工作做得顺手，又感到有价值，我们自然会变得开心，并喜欢做这件事。关键是对自己的工作充满自豪感，发自内心地热爱这份工作。只要喜欢某件事，我们学起来就会积极主动，就算是难做的工作也会自发地去尝试。

持续踏实地学习、不断地挑战，经验就会化为能力。

在这个时代，工作得快乐和开心，是像"附加品"一样稀缺的东西。

"只有很少一部分人能遇上自己喜欢的工作""工作就是很辛苦的事""我就是看在薪水的份上才忍耐的"……生活中很多人也是这么想的吧。

把工作本身的乐趣、给人带来的喜悦放在一边，只从所属公司的规模、收入的高低来判断一个人的价值，这是一种普遍存在的社会价值取向。

坦率地说，在现有的社会分工结构中，每个人合理地做着自己的工作，促成整个社会的联结，也许就是工作的社会价值。

随着工作生涯变得越来越长，越来越多的人将工作放在人生幸福的框架中去考虑，"我现在做的工作到底有多大的价值""我究竟对工作有多乐在其中"，这些问题逐渐变成人生的重大课题。

幸福人生的标准，逐渐从"用金钱获得物质满足"转变为"对包含工作在内的充实生活感到满足"。在人生中获得美妙的体验，与值得信赖的家人、朋友一起度过充裕的时间，朝着真正有价值的目标前进，收获有意义的结果，这些体验越来越受到大家的重视。

人的自我肯定感，来源于别人对作为"独立个体"的你的需要，以及你的工作给他人带来的愉悦感，并不断在工作互动中构筑出越来越丰富的内涵。这也是我们转变工作方式的目的——选择真正喜欢的工作。

那么，分辨"我会不会喜欢上这份工作"的方法是什么呢？

如果面对喜欢的工作，我们会"手脚并用"，全身心投入。

如果面对不喜欢的工作，我们只会用"眼睛、耳朵和嘴"，浅尝辄止，不进行深层次的思考和行动，毕竟，于我们而言，这只是一份工作。

也就是说，如果对于自己正在做的事，能做到马上行动、四处调查、寻找对策、前往现场……做出诸如此类的积极行动，就说明我们会喜欢上这份工作。

如果只是看、听，以"嗯嗯"结束每段工作对话，像评论家那样"说起来……"而没有后续的行动，我们就不会喜欢这份工作。

我现在一直光顾的骨骼按摩医生曾经做过销售工作，那十年间他一直想着辞职，当时他对身体的机能产生了兴趣，开始阅读关于人体和健康的专业书籍。三十岁后他进入了骨骼按摩的专门学校学习，在医院就职，后来成立自己的工作室。我每次都对他丰富的知识和巧妙的手法感到震惊。他工作时总是很开心，还说："要是再早点儿转换工作赛道就好了。现在的工作虽然很忙，我却丝毫感觉不到压力。"

从事所爱的工作对精神上的恩惠，是无法计量的。

但是，在追求喜欢的事情的路上，我们多多少少会遇到风险。比如，"想在演戏上获得成功""想成为插画师""想成为保育员""想成为美甲师"等等，就算有真的想做的工作，"真的能成功吗？""靠那份工作能吃饱饭吗？""收入会不会太少了？"我们大概会有这样的不安吧。

虽然从事自己真正喜欢的工作是件幸福的事，但同时，我们也要充分认清社会现实，有必要事先明确认知到自己会得到什么，又会失去什么。

"如果遇到了挫折怎么办？"最好也考虑到应对挫折的对策。

我的经验是，工作中"玩"的要素很重要。

这并不是说工作做得差不多就行了，恰恰相反，正是因为非常认真专注，才能称得上是"玩"。因为工作比娱乐和爱好更能让你保持专注和认真，所以你会欲罢不能。

做着自己喜欢的工作的人，经常在工作中感叹"这件事真有趣啊""真想试试"，眼中也闪闪发光。

假如你也有这样的热情与好奇心，追求充满创造性的工作，就算接下来是一条艰辛的道路也会努力奋斗，坚持走下去。那么，请把让自己心动的事情作为工作吧。

从长期来看，人生幸福的条件，是从"做被要求的工作"到"做想做的工作"的转变。

消除贫困、孤独与不安的要点

13

☑ 选择能让你"手脚并用"的工作

14. 为什么有必要成为专家？

为了获得能够消除贫困、孤独与不安的工作方式，不绕弯路的做法是：从综合型人才（从事不限定职责范围的工作的人）向专业型人才（从事特定职责范围的工作的人）转变。

在终身雇佣制崩溃，公司不再能照顾人一辈子的现代社会，为了能够在整个社会都吃得开，我们有必要掌握专门的知识和出色的技术。

我也是在总结了痛苦的经验后才得出这样的结论。

作为综合型人才在公司里工作的人，在被迫面对外面的世界时，他们会非常不安。即便想在公司公共职能部门或派遣公司找工作，他们也不太容易重新就职。"这个做过，那个也做过，什么都能做。"实际上，这种说法与"什么都不会做"是一样的。相比"做得广但做得浅"的人，"我只能做这个，但积累了相当多的经验"的人更容易找到工作。

顶着"综合职"总经理这个名头的综合型人才，他们中大部分人的情况是在公司中的各个部门之间被调来调去，有时候还要被迫调去偏远地方，做很辛苦的工作。

职场人士大多数时候积累的只是在某个特定公司内才能行得通的能力，如果以长期待在某个公司内为前提，那么，即使在人际关系中疲于奔命，只要最后可以升职加薪就可以接受，但是，在社会结构和人们的需求日益复杂、社会变化日益迅疾的现代社会，综合型人才所承担的风险太高了。只拥有广而浅的知识和技能，当有新的人才出现，他们一定会被取代。

如果是上了年纪的综合型人才，则更有可能被企业敬而远之，他们再就职的前景十分严峻。就算要创业，对于之前一直被公司庇护着的人来说，要想创业成功，就必须付出千倍的诚心和努力。

当然，也有非常能干的综合型人才，他们不断收到猎头的邀约，被聘为社长或公司顾问，发挥他们的能力——这样的例子也不是完全没有的。但是，这样有才能的综合型人才，实在是凤毛麟角……并不是我故意说得过分严峻，实际上，社会中有很多距离幸福十分遥远、处境十分艰难的综合型人才，特别是男性。

在过去的社会中，大部分人的身份是农民、工人、商人……他们是彼此界限分明的专家。如今，工薪上班族这样的综合型人才已成为主流。在未来社会中，女性劳动者和高龄劳动者人数会不断增加，社会对不同于过去社会的专家型人才的需求也会逐步增加。

要想在社会中讨生活，不能这也做那也做，而要以某个领域的专业性为自己的核心竞争力，要有能说出"这个领域里的事尽管交给我吧"的自信，成为让人另眼相看的专家型人才。

专家型人才，听起来他们需要掌握相当深奥的技术，似乎难度很大，实际上并非如此。我所谓的"专家"并不是以技能的高低来划分上下，而是以角色的不同来划分，即横向的分工。如果能做到"人无我有"，就会成为某个方面的专家。

因为社会是由复杂的分工组成的，所以我们可以找到自己在社会中的独特价值。

工作像经营商店一样，假如你经营的是个什么都卖的小卖铺，没什么独特的物品或者特色，那么附近开了便利店或量贩店的话，你的小店就会面临经营上的大问题。但如果你经营的是"买酒尽管来这里"的细分市场专门店，就能在激烈的竞争中生存下来。

但这并不意味着"一招鲜就能吃遍天"，而是要把与核心卖点伴生的几个专门点也找出来，加以差别化，以"组合拳"来回避风险。好比红酒专卖店，也兼卖配酒的奶酪，让侍酒师提供红酒挑选方法等等。

一定要记住，不论何时都要将自己的专业磨炼到极致，并开发与此相关联的专业点，还可以从次级的专业中衍生出只有自己才能做的工作，创造稀有价值。

只要有了能成为"基石"性质的工作，当别人建议"要不要也试着做这个"，并且自己感觉符合"基石"的有益延伸时，就去尝试。这样一来，次级专业就可以像挖芋头一样，一个带出一串，从而增加多个专门领域的工作。

比如，我一开始做的是帮人穿和服的工作，渐渐转到在结婚典礼上帮新人穿和服的工作，之后又兼职了婚礼企划师。

然后，能开始拍婚纱照后，我独自成立了工作室。又有了依靠摄影到报社就职的经历，就像前面所写的一样，我在报社的工作中学会了取材、写作和编辑等技能。

这十多年，在执笔之余，我还兼职了大学讲师、讲演、内阁官房的委员等工作，但最核心的，我的本业是作家、摄影师，在名片上除了这两个头衔外，我也没有罗列其他。

除本业之外，虽然也有些称不上本业水平的工作，但还没有到什么芝麻都要捡的程度，假如基石发生动摇，本职工作也会力不从心。

不过，正因为也做除本业之外的工作，才能以新鲜的视角审视自己的本业，工作也会更有深度。因为做过杂志编辑之类的工作，所以我可以预判编辑的态度；因为做过大学的讲师，我学会了简洁直接地表达自己的想法，还能将获得的信息变成新闻素材。

常有人在名片上写了许许多多的头衔，他们的想法我也不是不能理解：这样，就容易被相关领域的人记住，也更容易与他人发生联系，有时候的确会带来更多的工作。

但是，所谓"做了很多事"，就容易让人感觉做什么事都是"半瓶子醋"。

而确实也存在这种情况，如果做了很多事情，就一定会在某处露出马脚。

我觉得，至少要坚持自己专业的基石地位不动摇。

这也是"在一件事上持之以恒"的"信用"。

我听说过这样一个故事：有一位才华横溢的著名制片人，他给自己的头衔是"作词家"和"节目编导"。他做过很多工作，例如随笔作家、电影导演、剧本制作、游戏企划等等，也有很多出色的成绩，但他以"作词家、节目编导"为职业基石，让人感受到他所表达的意志："一直以来，持之以恒的只有这两样""在未来，这两件事也会继续做下去"。

所谓"专家"，与"职业者"相似。他们以自己的工作为骄傲，不轻易妥协，拥有将工作做到极致的职业者之魂。

有这样的职业者之心，就算是做其他工作，也能活下去。

新式的"专家"，以围绕基石的工作为事业，具有工作的灵活性，应该是可以在现代社会生存下去的类型吧。

消除贫困、孤独与不安的要点

14

☑ 锻炼专门领域的能力，

　获得工作的灵活性

15. 置身于社会变化中，适应未来的工作需求

　　除了要打磨专业的知识和技能，考虑"未来还有没有需求"，也极其重要的一点。

　　三十多年前，似乎有专门教英文和日文打字的学校，但是现在大家都用电脑，使用打字机的人，几乎没有了。就算是好不容易学会的计算机编程语言，据说也随着技术的更新，很多种语言已经消亡了。花费了时间和精力，十年后，却变成没用的东西，实在是对时间和精力的浪费。

　　十多年前，摄影工作的需求很多，摄影师的日薪，可以达到数十万日元。但是，现在因为高性能数码相机的普及，摄影工作大多由杂志编辑、写手等来做，许多摄影师都转行了。当然也有因为出版业不景气，经费被

压缩的原因。

电气制造商的工厂从国内搬迁到国外，出现了大量的失业者。虽然这是时代的洪流，但是谁也不会在入职时预测到这份工作在将来会消失。

对社会的变化审时度势，就能窥探到将来需求可能增多的领域。

比如，随着高龄化社会的到来，看护和与健康关联的社会需求应该会长期持续存在。由高龄者支撑的农业变得人手不足，国产食品的供给就可能产生巨大缺口。

还有，家人和地域之间的联系变得稀薄，可以预测生活支援、社会教育、文化活动、自然保护等需要由民间活动补充，与此相关的交流、商业、工作方式会呈现多样性，由此产生的培训、职业咨询等需求也会增多。

这里所举的例子，只是百中之一，实际上，这是一个让人们抱着前瞻性眼光观察社会、发挥创造性的时代。不仅仅只做自己工作领域的事，还要以自己的专门性为基石，思考能不能做点有用的事，与专业性形成组合，应该会碰撞出新工作的灵感。

比如，我认为"与他人相反的方向"更有机会。因为在大家都前往的方向，供给过剩的可能性很大。

在国际化社会，谁都需要会英语，因此试着去学习，但会英语的人太多啦！还是学一门小众点的语言，更有可能被看重吧。

比如，要是会希伯来语的话，就能与犹太人和以色列产生联系，也许就会找到自己的用武之地。

我的朋友中有一位插画家，他曾经在东京的青山区有工作室，但因为"想要有自己独特的视角"，就搬到地方上去了。现在，他一边以农村的怀旧风景为素材发表作品，一边设计制作地方活动的海报和包装纸，成了当地不可或缺的存在。

将目光转向这类传统工艺和乡土文化不断消逝的事物，所获得的价值大概是金钱难以估量的吧。如果有"想珍惜传统和文化"的热情，自然就会找到用武之地的。

还有一位时尚设计师，在海外积累了不少经验，还从事舞台服装相关的工作，痴迷于京都的艺伎舞伎艺术，于是将这些传统文化介绍到海外。

在灯具制作家中，也有人使用地方上传下来的竹工艺和涂漆技术，创造出有特色的灯具。

在数码摄影成为主流的时代，我的工作基本上都是用数码相机完成，但另一方面，我也尝试使用胶片机，从显影、冲洗到打印，都亲手完成。举办个人摄影展时，有一幅大尺寸的黑白作品被一位参观者看中并买了下来，这位参观者称赞它"很有味道，可以作为室内装饰品"。之后因为胶片拍摄技术，我又接到了新的工作。因为当时很少有其他人使用这种技术，所以在地方城市的市场里，我可以算是"垄断"了。

只是稍微改变视角，就会产生成为专家的灵感。拥有预判未来的视角、将自己与他人区分开的视角，就可以产生自己独有的价值。

消除贫困、孤独与不安的要点

15

☑ 拥有"预判未来"和

"观察相反方向"的视角

16. 掌握稀缺的专业知识

为了做成独属于自己的工作，重要的是去做谁也不能简单模仿的事。如果是别人能够简单模仿的事，虽然不能说即使成为专家也没有多大价值，但价值相对较低是理所当然的。

拥有专业意识的人，会清楚地建立别人不能模仿的"护城河"。

比如，在厨师中，有人很大方地不断公开自己的菜谱，但他们有自信就算有菜谱，谁也做不到和自己一样。

因为他们对自己的技术，有绝对的自信。

有一位我很尊敬的摄影师，在妻子亡故时，拍下了像纪录片一样的写真。假如只是一张照片的话，似乎不论谁来拍都差不多，但可以确定的是，他怀抱着信念，按下快门的瞬间，就拍出了谁也无法模仿的作品。

让工作具有谁也无法模仿的价值，有以下三种方法。

▶塑造谁也无法模仿的工作的方法

（1）将一件事做到极致；

（2）增加"plus α"的附加价值；

（3）加入自己固有的特色。

前些天，有一个电视节目跟拍了一位蔬果店的店主，他简直就是"活的蔬菜字典"。

他挑选蔬菜的眼光，恐怕是全日本第一。他的店里摆着罕见的国产蔬菜、有特色的有机蔬菜等等，客人们对他深信不疑："这家店的蔬菜，绝对不会错。"这是因为他总会直接拜访种植蔬菜的农家，每天早晨走遍市场寻找高品质的蔬菜，仔细地教客人如何料理蔬菜……"我想让大家都吃上美味的蔬菜"——这是他长年抱持的强烈愿望。

店主对继承家业的儿子说："不要只成为一个卖菜的啊。"

从这句话中，可以感受到他对自己工作的骄傲。

只要拥有"在这一行成为一流"的高远志向，将一件事做到极致，谁都可以做出他人无法模仿的事业来。

另外，在工作中增加"plus α"的附加价值，也能让别人难以模仿。

有一位生活在香港的日本女性，过去在假发制造行业工作的同时，取得了美容师资格。后来，因为迷上了法国的精油，去当地学习了面部保养、身体按摩等技能，然后自己独立创业，开了一家能够做"头发和头皮""面部""身体"三个保养项目的美容沙龙。现在，她甚至都有了国外的拥趸，预约都排到了几个月之后。因为有"我想做到更好"的意识，通过扩展专门技能，她让自己成为所从事领域的专家。

在工作内容中加入自己特定的特色，能够产生出稀有价值。

有一位做同声传译的朋友，最近开始了一项事业，通过互联网来进行英语会话授课的项目。虽说英语会话课程多如牛毛，但是她利用同声传译能够对语言进行快速反应的经验，研究出学习英语会话的独特方法。

顺带一提，市场营销和网络传播等工作，都是依靠本领域技能的专业人士。

很多人考虑到经费的原因，想要自己或自己公司来亲自做，这样必定会引起工作质量的下降。

我自己持有的理论是："要成功，就要将自己不擅长的事交给专家，自己集中精力专注熟悉的领域。"为了产出高价值的工作结果，一个好方法就是与其他的专家紧密合作。

我认识的朋友中，有一位年轻的社长，自己是残障人士，也做过网页制作的工作，他新开始的事业，是与不能进入普通职场的残障人士团队合作，在网上做心理咨询和辅导。顾客多是残障人士和他们的家人，通过视频电话等方式，倾听他们在工作生活中遇到的烦恼。

咨询师们基于自身的经验，给出适当的建议。因此，他们获得了来自某大企业的生意：为在公司里工作的数十名残障人士进行心理咨询辅导。

这是一个所有人都能成为"有价值的专家"的时代。

不管是什么样的工作，只要理解"是什么给人们带来了快乐"和工作的本质，说不定就能成为具有稀有价值的专家。

在技术进化、信息爆炸的现在，专业和业余之间的界限越来越模糊，只要试着去做、去研究，大多数时候是能做得像模像样的。

也正因为如此，谁也无法模仿的工作的核心是：价值高、给人绝对的可信感。

消除贫困、孤独与不安的要点

16

☑ **完成他人无法模仿的工作**

17. 向内立足于专业的基石，向外打开关注视野

拥有专业性的人，为了在变化激烈的时代生存下来，不仅要深耕自己的专业领域，还要关注更广泛的其他领域，并与领域之外的人保持联系。

现代社会，工作内容正变得愈加复杂，谁也无法预料哪里会出现新的东西。所以，就有可能在与各式各样的人的交流中，捕捉到偶然的工作机会。

我有一位做企业研修讲师的朋友。他主要研究说话方式、时尚、行为举止，但因为与婚姻介绍所的人保持联系，便以希望进入婚姻的男女为对象，进行个人穿着搭配的指导。有时候还会陪客人一起去买衣服，这也成了他广

受好评的服务。

我还有一位朋友，她在自己家里开了一个二手服装店。因为她对品牌如数家珍，眼光又好，有顾客就奔着她来买的。

因为她希望能让顾客更加开心，便每周请造型师来家里一次，用衣服、鞋、包、帽子等做出整套的造型，一个接一个地上传到 SNS 上，买整套搭配的人也越来越多，营业额翻倍。而且，因为和服的商品增多，她就以顾客为对象教授和服的穿着方式，还举办饰品制作家的展示贩卖会。因为借用了各领域专家的头脑，事业的规模越做越大，也更加能为顾客提供有价值的服务。

像她这样，保持自己的主业的同时，与不同行业的人或相近行业的人保持联系，可以创造出双赢的局面。

也有与同行业者联系、产生"1+1>2"的例子。

我认识一位女医生，从十多年前开始，她就致力于打造一个地方上女性医师的联合组织。

她们在一起讨论彼此专业领域外的问题，互相给出建议，一起解决女医生特有的问题，互相交换信息……

不管拥有多么高效的专业性知识和技术，一个人的力量终归是有限的。通过组织的联系，大家都能得到更好的工作效果。

与志向高远的专家们保持联系，可以获得更多的灵感。

与他人保持联系，可以在脑海里形成系统的专业知识，也能在危险来临前预先察知，做到风险防范。

现代社会所需要的，是一边在自己的领域做到极致，一边与可以互相支持的人们构筑起人脉网络。

另一方面，虽说联系是很重要的，但只是认识很多人，是没有意义的。

就算出席了跨行业交流会，互相交换了名片，在 SNS 上认识了很多人，这或许可以成为见面的契机，但是对工作却没有多大帮助。

重要的是，与值得信赖的伙伴保持联系。

所谓信赖，不是一朝一夕就可以建立起来的。就像朋友之间的关系，不是见过几次面就建立起来的。

通过一起做工作，了解对方的个性，感到"这个人与我看着同样的方向，我们可以一起做出不错的工作"，自然就能成为伙伴。

非同行业者也好，同行业者也好，我们要与对工作抱着同样热情的人联系。

在自己的专业领域追求极致，是与优秀的专家们联系，并进一步产生出色效果的基础。

消除贫困、孤独与不安的要点

17

☑ **在自己的专业领域追求极致，**

立志成为专家

18. 看清自己是否能够转变工作跑道

有很多人是这样的：虽然有想做的事，但是不知道自己能不能成功，很恐慌。

也有人是这样的：虽然想换工作，但是如果想到要突然辞去现在的工作，就会觉得很可怕。

对于这些人，我建议从现在的状态开始，一点点地采取行动。

自己能做什么？不试试怎么能知道呢。

在决定转变工作跑道之前，不仅仅要考虑有没有相应的才能，还要解决"有没有必要""理想和现实之间有没有差距"等问题，这也是为成功地改变工作跑道奠定基础。

如果对前面的路毫无头绪，就算想要改变工作跑道，也是行不通的。为了改变工作跑道，制订相应的过渡期策略是必要的。

在过渡期内，一定要做以下三件事。

▶在过渡期应该做的事

（1）从小事开始尝试；

（2）去见见实现了自己梦想的人；

（3）倾听导师的意见。

首先，不要贸然地开始行动，先从小事开始尝试。

有一位朋友想成为作家，但不知道要怎么做才好。于是，他从给报社投稿开始，在博客上写文章，一篇接一篇地发表作品。

这些行动会给杂志社的编辑们留下印象，这是迈向出书的第一步。

还有一位想要开咖啡馆的女性，她利用下班时间和休息日，在家附近的咖啡馆打工。通过一年的学习，她终于实现了开咖啡馆的夙愿。虽然亲身经历的打工经验，让她体会到了增加收益的困难，但即便如此，她想要开咖啡馆的热情依旧不变。

相反地，也有人通过亲自参与明白了自己不过是"叶公好龙"罢了。

知道自己做不了的事，也是人生的课题之一。为了向幸福的工作方式转变，不仅仅要考虑能不能实现，更重要的是确认自己做这份工作是否觉得快乐。

然后，去见见那些已经实现自己梦想的人。

现今，可以通过互联网找到自己想要见的人，也可以通过杂志、书、电视等渠道认识，也可以通过朋友的帮助去认识。

二十多年前，我有一位在遥远的地方当银行员工的堂妹，来拜访身为看护师的我母亲。她说想成为看护师。

因为她已经在银行工作五年了，所以母亲很吃惊，不过还是说："看护师是一件很辛苦的工作。要值夜班，是个体力活。不过，有值得做的意义，也能做得久。我很喜欢这份工作。"

于是，堂妹决心去上看护学校。现在，她已经结婚，一边养育着三个孩子，一边做着看护师的工作。

后来我才知道，堂妹的丈夫，是她在银行工作时就交往的人。他因为要回老家帮助家业，堂妹为了在当地找到工作，决定当一名看护师。

虽然为了转变工作跑道花费了数年时间，不过现在一家人在一起过得十分幸福。

最后，去倾听值得信赖的导师的意见。

所谓导师，是能对事业和人生提供忠告的人。有一位能长期守护自己的人，会令人对自己充满信心。过去，这种导师的角色多由地方上的长老、值得信赖的亲戚、长期往来的老师等担当，但是现在，这种类型的关系越来越不紧密了。

想让这个人成为我的导师，就要积极地去接近这个人，构筑牢固的关系。

自己的才能和特性，有时候自己很难看清。从他人的角度客观地来看，可能提出"这份工作可能适合你""遇到这种事的时候你该做什么"等建议，真是值得感恩。

随着年龄增长，会对你提出直接建议的人会越来越少。

"喂，那么做是不是不合适？"——能像这样直接指出问题的人，是珍贵的存在。

但是，即便听取他人的意见，最后做决定的仍是自己。

改变工作跑道，虽然需要花一定的时间，但因为是挑战自己想做的事情，所以请尽情享受这样的快乐吧。

人生就是体验。体验越多，越显珍贵。

消除贫困、孤独与不安的要点

18

☑ **试着从小实验做起**

19. 一边移动自己的"主心骨"，一边进化

到这里，我论述了以下观点：成为专家之路的起点，是将自己的专业领域作为核心能力或者基石加以精进和磨炼。

当然，有人终其一生都沿着自己专业领域的一条路不断精进，但是也可能会发生转移核心能力的事。

如果跨出自己当作核心的专业领域，也没关系。有一位做高中教师的朋友说，舍弃公务员的资格而换工作的人，还是有一定数量的。有开面包店的人，有开始经营瑜伽学校的人。

她们是把自己喜欢的事情当作工作的人。比起经济上的安定，她们更追求精神上的富足。

人生只有一次，有些人不选择进入体制内受到庇护，而

是觉得，只要拥有自己理想的工作跑道（平台），就很幸福了。

在我的作家朋友中，有一位女性因为喜欢做料理，就开了一家怀旧风格的咖啡馆。后来，她还在地方上经营起了怀旧风的民宿。

虽然怀旧风的咖啡馆租用的旧房子在开业两年后被拆掉了，但她在开店的过程中，学习了如何做生意。后来，她计划经营一家专门接待外国人、提供美味早餐的民宿，特意去外国留学学习语言和蔬菜种植，终于开了自己的民宿。

通过她的经历，朋友们自己也能发现，她之所以能够实现心愿，最重要的是在换行业之前，一点点地做好准备。

我自己也有无数次跨越自己原来专业的经验。

虽然除了一直坚持的写作和摄影，所有的事都半途而废了，但是，我可以说，如果没有经历过这些，我是不会取得今天的成就的。

正因为做了一个又一个的工作，接下来的工作才会出现，学到的经验也一定会有起作用的一天。我认为，没有白走的路。

有时候，在专职育儿的主妇中，有人抱怨道："虽然想着必须要为开始工作做点准备，要考点资格证什么的，热情上头的时候，各种培训班报了不少，可是随着热情消退，都半途而废了。"

但是，"育儿"也是一个专门领域啊。好好把握自己的专门领域，尽情地享受其中，不是也挺好吗？

这一时期，也是思考和探索自己究竟能做什么，直面自己的人生和世界，过渡到新的工作跑道的时期。

不要焦虑，踏踏实实地为下一阶段做好准备，育儿期也是人生的一个美好阶段。

只要你真的去追求，人生会为你安排许多个未知的舞台。

那么，在第三章中，我陈述了成为幸福的专家的方法，现在简单地总结一下。

▶成为幸福的专家的方法

（1）选择发自内心喜欢的工作；

（2）磨炼自己作为核心的专业，掌握工作的灵活性；

（3）选择未来能产生价值的专门领域（主心骨）；

（4）完成别人无法模仿的工作：

·将一件事做到极致；

·给自己增加"plus α"价值；

·加入自己特有的风格。

（5）在拥有自己主心骨的同时，与各个领域的人们保持联系；

（6）看清自己能否实现工作方式的转变：

·从小事做起；

·去见一见已经实现理想的人；

·倾听导师的意见。

（7）一边移动主心骨一边进化。

为了向幸福的工作跑道转变，请一边享受，一边锤炼出自己独有的战略吧。

消除贫困、孤独与不安的要点

19

☑ 要成功转变工作方式，

战略和准备十分重要

第四章

免于贫困的生活方式

为了变得更能赚钱

20. 全民经商的时代终于来临

我认为全民经商的时代终于来临了。

说起"买卖人营销"，有种把东西硬塞给人要人买下的印象，但其实不是这样。

这里所说的"买卖人"，是指有市场敏锐度、通过好好做生意来赚钱的"被需要的工作者"。为了实现幸福地工作，需要所有人都成为"被需要的买卖人"。

现代社会中，所谓"工作"，就是指被雇用。因为被雇用、获得报酬的时代太长了，所以这已经成了一般的认知被深深印刻在我们的脑海里。

但是对于女性而言，"被雇用"有一个逻辑怪圈。

当女性有了家庭、孩子，或者年龄大了，女性就被默认为不能专注工作，职业发展路径变得没有选择。

不能充分利用女性能力的组织或公司，是非常多的。

"女人只要结了婚生了孩子，就会辞职""女人只是男人的辅助角色，收入少也是理所当然的"……这样的价值观根深蒂固，而且对所有的女性都同等对待。

不然就容易倒向另一极端，"要想职场有发展，就要跟男人一样往死里干"。所以，在这样的社会框架中，好的工作和幸福的生活很难两全。有能力的女性们可能被压制、被压抑，在这样的环境中，我们对自我的肯定感变得越来越低，最后被迫认为"只能这样了"而放弃。

为了在职场上长期地工作，人际关系一定会成为重要的课题，这里也有很多死胡同。

因为人际关系的建立有一个前提：工作，即意味着持续被雇用。

但是，一直工作到退休的体系已经开始动摇了。而且人的寿命也在增长，六十岁以后就不用工作的情况已经不复存在了。

为了在这样的新环境下生存，抱有"买卖人"的心态是很重要的。我们现在所需要的，是成为"工作者"，成为"买卖人"。

即便在公司里上班，也有必要保持"打造个人品牌"

的信念。

不论交易对象是组织，还是个人，都要在思考"我能够做什么"的前提下提供产品或服务，这样长期坚持下来，慢慢地，所有人都会有求于你。

读到这里，你是不是会有些担心："要成为独立营业人，应该会很辛苦吧？"

这种心情，我能理解。

我二十多岁的时候，也是靠着受雇于某个公司而生活的。

最初，对于"不被雇用也能工作"这个念头又恐惧又抵触。每个月固定日期会打到账户里的工资没有了，未来的不可预知和空荡感让我又茫然又焦虑。

从组织中脱离出去，简直就像一直被饲养在动物园里的狮子，突然被放生到大草原中一样。饲养员对它说："今后就靠你自己捕食啦！"不再有保护人，也不再有饲养员。它觉得害怕又无措，颤抖着缩在角落里，觉得"还是被雇用的好""不管哪里都好，赶快雇用我吧"。——这样的心情，我能理解。

但，说得粗暴一点，慢慢也就通过习惯解决了。

任何人天生都有在野生环境中生存的能力。

如同在第三章中所述的，从被饲养的环境中脱离出来，经过磨炼赚钱能力的过渡期，渐渐地，就能靠自己的能力守护自己，用自己的能力来捕食了。

也可以先从边上班边慢慢积累力量开始，当你足够自信了，就可以换工作或创业，一点一点地拓宽道路。

做两份工作，在某种程度上可以确保能够预见社会的新需求，也可能打通连接外面世界的道路。

对风险抱有警惕之心，从小事开始，一点一滴地拓展买卖的道路。

但是，有一点要记住，在这段过渡期中，不论什么人都会有挣扎和摇摆的时候。

像这样积累能够生存下来的经验，虽然是人生中最重要的事，但也有可能什么也没学会。除了自己积极地去掌握、去实践、去鉴别，别无他法。

不管是在组织之内，还是组织之外，生存智慧遍地都是。

"什么东西是自己需要的？"

"自己可以做出什么贡献？"

只要有意识地审视这些问题，靠自己在组织外生存的前景和信心，就会越发澄澈清晰。

一旦能靠自己的能力活下去，生存反而成了简单的事。

在组织中工作的人，多数会说："等退休了，我再也不想工作了。"

的确，顺从组织的规则、被雇用上班，这种工作方式想想就烦透了吧。

但是，如果能够有"因为想工作所以工作"的积极心态，一切都会完全不同。

我之所以对于自己能做的事，想要一辈子做下去，是因为我可以按照自己的节奏去做喜欢的事。因为工作本身就充满了乐趣，也没有太大的压力，所以想要一直持续下去。

当然，因为是工作，所以不可能全是好事，进展不顺利的情况也常有，但只要全情投入，渐渐地就会感到不做反而不舒服。成为"工作者 + 买卖人"所能获得的最大恩惠，是能更大程度地掌握自由，活出属于自己的人生。

也许你认为把自己喜欢的事当作工作的人凤毛麟角？

实际完全不是这样的。之所以有这样的想法，是因为固有的价值观根植太深。在发生巨大变革的当今社会，我们也必须向新的价值观转变。

再重复一次，在新的环境中，我们必须要积极地培养生意人的市场敏感性。如果只是一味等着社会环境和制度的变化，是无法实现伟大的梦想的。

不管是谁，只要花上时间磨炼，好好地制订战略，一定能找到实现自己梦想的道路。

首先，从赚钱这件事认真地思考。

从被雇用的工作方式转变，积极地与社会产生直接联系——要不要朝着这个目标前进呢？

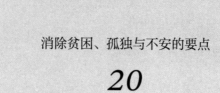

消除贫困、孤独与不安的要点

20

☑ 成为"工作者 + 买卖人"

21. 比起有钱，更重要的是拥有事业

这里，让我们再一次思考关于买卖的事吧。

买卖，即将自己拥有的资源在市场上进行交换，获取某些价值。

现代社会，金钱可以与各种商品、服务进行交换，十分便利，赚钱这种价值观是普遍流行于大众社会的。

但是，我所谓的"赚钱"，不仅仅指通过工作获得金钱的收益，还包含了精神层面获得的恩惠，获得对于自己来说有价值的东西。

这些价值是因人而异的。

在其他地区，工作着的人对于赚更多的钱的意识非常强烈。

比如，菲佣遍布全世界，为了工作，为了赚更多的钱，

她们拼命学习其他国家的语言和当地的料理，一边快乐地唱着歌，一边工作（或许因为国民的性格，菲佣经常快乐地唱着歌）。

全天二十四小时都处于工作状态，也几乎没有什么休息日，但比起工作的内容，她们更在意明确的工作目的：为了把钱寄给家人，多赚一美元也好。她们能从中收获巨大的快乐。

我们又是怎样的呢？

在已经过了大量消费时代的分界点的现代，除了金钱，我们难道不是也在追求别的报酬吗？

一位在智力障碍者收容院工作的女性这样说："虽然工资很低，但还算能生活下去。我是真的很喜欢这份工作。看到智力障碍者们不断被激发创造力，每天都非常感动。"

比起金钱，她知道对于自己来说，什么更有价值。

一位在建设公司工作的男性，周末在自己家对外提供好吃的套餐料理，获得的全部收入都捐给了尼泊尔地震的受灾者。

他连酒钱、食材费、工钱都没有扣除，把全部的营业收入都寄出去了。这份行动影响了众多的人。他也是一个对自己来说，清楚什么东西更有价值的人。

成为一个出色的"投资"人，需要明白看不见的报酬的价值。正是在看不见的东西中，蕴藏着巨大的恩惠。

通过工作能获得的利益，基本上如下所列：

▶通过工作能获得的利益

·收入

·社会的信赖和自我实现

·获得学习的机会，为接下来的工作做准备

·有价值的经验，获得生活的意义等精神上的充裕

·与他人产生联系

·奉献他人的实感

当然，并不是说无视"收入"的价值。当自己没有知识和技能，在经济上陷入贫困时，必须首先以金钱为目的来工作。如果为了实现自己的理想，需要这些钱的话，就要想着这点，努力赚到这些钱。

还有，为了能够持续地赚钱，社会的信赖是非常重要的资源。

不仅仅是工作做得很好的信赖，还有在某某公司工作了多少年的经历、完成了这样的事的实际成绩等，也会成为信赖的一部分。

如果能够获得"把事情托付给他就能安心"的社会信赖，可以说不论到哪里去都有饭吃。

通过工作，可以学习到东西，也能提升工作的价值和作为工作者的价值。在二三十岁，或还不具备工作能力的时期，就算收入少点，也有必要重视获得这样的价值。

我在报社工作的时候，除了学习到以文字传情达意的技能，更重要的，可能是学到了看出事物本质的观察视角。

当时的上司从多个角度判断情报，拥有正确掌握事实的眼睛，对我来说获益良多。因为学到了这样的视角，对期刊杂志和书籍的写作都很有帮助。

从优秀的工作者身上学到这样的技能和精神，有助于培养接下来的赚钱能力。

言归正传。从某种程度来说，当人在经济上达到一定的满足，就会寻求精神上的满足。通过从事有意义的工作，或从工作本身中获得乐趣，就能感到有价值。

还有，通过工作，与社会和他人产生联系，也是重要的收益。

与他人产生联系，不仅仅能从孤独中解放，获得安心感，还能获得信息、机会、新的工作等非常多的好处。

对他人和社会奉献的实感，能够让人感到丰盈。

你应该已经明白了吧。

为了丰盈地生活，只有金钱是不够的。

稳定地获得金钱和精神上满足的方法，就必须拥有工作，并长久地持续下去。

工作，并持续地工作下去，是很重要的。

如前所述，拥有工作，就如同拥有不会枯竭的"油田"。通过金钱获得的满足感是有限的，而且，钱不会生钱，会坐吃山空。只有全情投入地工作，才会有人生的充实感和幸福感，而钱也会源源不绝地到来。

至关重要的是，一定要明白，对于自己来说，什么才是重要的报酬。然后，在自己身上储蓄有价值的东西，包括技能、人际关系、他人的肯定等可以持续地交换下去的价值。这是活着的"买卖"，也是让自己的资源更多、更丰富的途径。

消除贫困、孤独与不安的要点

21

☑ 让价值从经济利益

转到精神利益

22. 从"自己需要的职场"到"需要自己的职场"

选择自己喜欢的工作也好，成为自己想成为的样子也好，虽然很吸引人，但是都有可能面临赚不了钱的困境。

在"喜欢的工作"和"赚钱的工作"之间选择，不论是对于年轻人还是中年人而言，都是令人烦恼的课题。可以的话，我希望能尽量早地从这个课题中毕业。

我所强调的，不是单纯地去做想做的事，而是在被他人需要的绝对条件的基础上，去做想做的事。

只是单纯地做自己喜欢的事，与兴趣爱好又有什么不同呢？没有获得金钱的价值。

作为工作，不能为他人提供有价值的服务，是不能长久持续的。比起想做的事，有必要优先考虑能做的事。有些人想要以自己感兴趣的事为职业，虽然也做了各方面的尝试，但总难以坚持下去，大概不赚钱是半途而废的主要原因吧。

只要能获得自己预期之上的恩惠，工作就能变得充满乐趣，也能让人感受到有价值，从而能够坚持。

虽然也有人认为只要做喜欢的工作就很幸福了，收入少点也可以，但如果没有一定的收入，应该也很难持续下去吧。

我想要越工作，经济和精神上就越充裕的工作方式，所以很注重赚钱这件事，并彻底地思考了"自己可以提供什么""可以获得什么报酬"的问题。

这样吐露自己的真实内心，可能听起来有些讨厌，因为有些人可能会说："关于收入什么的，我不感兴趣。"但对我来说，让别人更加快乐这件事，就是我的报酬。可以说这是我最大的动机，也是对支持我的人的感谢。

工作这回事，与恋爱挺相似。在最初的阶段，有可能是单恋。有时候只是因为"喜欢"就能全情投入。

但是，要想让关系持续下去，就有必要让对方也喜欢上你。

对待工作也是这样，要让工作也爱上你。

这虽然与工作和人的匹配度有关，但更多的是通过让对方感到快乐，从而成为有价值的存在，进而能够获得恩惠。

最终，可能就不仅仅是一段"恋情"，而会升华为"爱"。

彻彻底底地思考对方究竟需要什么，再提供自己所能做的，才是爱。只要对工作充满热情，并被工作所爱，就会感到身体里充满了力量，也不会轻易动摇。

成为被需要的工作者，是要在他人所需要的东西的延长线上，提供自己能做的事。

我之所以能成为一个"买卖人"，就是没有执着于自己追求的方向，而是向着他人需要的方向努力。

自己说"我想要做这个"，只有在写出道作品的时候，之后，都是别人问我"要不要做这个"，然后在攻克一个又一个难关的过程中，工作之路渐渐变宽了。

在被需要的方向上，有很多机会。

不要在那里驻足不前。在被需要的方向上走着走着，出乎意料，也会抵达自己原先想要去的地方。

在工作中发挥巨大能力的人们，常说在全情投入的过程中，不知不觉就到达了这里，其实无论对于什么样的工作，只要认真面对，就能达到这样的结果。

正确地理解"对方需要什么"（市场定位），在弄清楚"自己可以做些什么""自己做不了什么"的基础上持续地提供价值（自我定位），是赚钱的简单方略。

这是可以从小事开始实践的。

即便在公司中，多注意别人做不了的、不愿意做的事，慢慢地也能够学会去做。当别人烦恼的时候，说不定自己就能提供帮助。

让别人快乐，让别人持续地快乐，是赚钱的基本，也与幸福的工作方式相连——请不要忘记这一点。

消除贫困、孤独与不安的要点

22

☑ 不断思考对方需要的、
自己能做的事

23. 面对贫困所带来的不安，要构筑赚钱能力

我们可以稍微轻松一点地来考虑赚钱的事。

凭着自己拥有的"资源"和"智慧"，赚钱的方法要多少有多少。

我在台湾留学的时候，特别为台湾人自力更生赚钱的精神所感动。旧民居改造的咖啡馆、精品店、炸鸡的小摊、民宿、首饰店等等，像这样积极快乐地做着买卖的年轻人有很多。

通过炒股投资、网上拍卖赚取生活费的学生也有不少，他们常常在想："要怎样才能赚到钱呢？"

我曾就赚钱的方法，请教过一位从贫穷的单身母亲开始，构筑起巨额资产帝国的女性。

"晚上，我去开店前的夜总会、俱乐部里，向陪酒小姐们兜售可以在店里戴的饰品，她们都很高兴。最初都是些仿造宝石，后来，有人对我说'带点真货过来吧'，陪酒小姐们想让客人给她们买。因为宝石的生意做得很好，就买了不动产，转售、出租，渐渐地资产就增值了。"

五十多岁的她现在还经营着餐厅，每次去拜访她，她都戴着漂亮的帽子、穿着高跟鞋，打扮得像女明星一样。

人们都说"从没看见过她穿同样的衣服"，这是因为她怀抱着为客人服务的精神。这份永远不辜负客人期待的心意，是买卖繁盛的秘诀。

日本其实也有这样一批人。在三四十年前，摆摊卖蔬菜或衣服、播放音乐收点钱、在高架桥下给人擦鞋……过去有人为了生活而做着这样的小买卖，现代则增加了许多新形式的小买卖。

只在周末开张的手工冰激凌店、为派对服务的外卖料理、在自己家开的瑜伽教室、在咖啡馆进行的语言教学等等。今后，不花费高昂的成本、在自己舒服的范围内做着自己能做的事，这样的小买卖，应该会越来越多吧。

像这样渐渐地掌握买卖秘诀的人，就能直面贫困所带来的不安。

为了构筑起自己的买卖、无论什么时候都有饭吃，大致有以下三种方法。

▶"走到哪里都有饭吃"的方法

（1）在掌握一门专业的同时，将技能匹配多个场景

从自己的专业领域出发，试着想想各种可以做的买卖吧。

只靠皮革工艺的技能、养活三个儿子和母亲的女性，这样说道："我有三个身份。第一个，是皮革工艺教室的老师；第二个，是制作定制商品的专业手艺人；第三个，是制作自己想做的产品的设计师。可能正是因为我有三个身份，生活才能继续下去吧。"

令人敬佩的是，无论哪一个身份，她都没有半途而废。作为老师，她去短期大学任教；作为专业手艺人，她接受来自制造商的订单；作为设计师，她开了个人展，展示、贩卖自己的产品。

只要精于一门手艺，就能在多个舞台展示自己的能力。

辞职之后，也能为接下来的华丽转身做准备。有个人曾经是编辑，在自己家开了写作技法教室，还在电视台等做造型师，成了个人时尚顾问。还有一个人曾经是看护师，后来成为看护学校的教师。

今时今日，越来越多的人以自己拥有的经验为基础，在文化教室里教授自己专业的知识和技能。如果你时刻留心自己十年后会用什么样的方式赚钱，说不定就能找到构筑赚钱能力的灵感。

（2）自己再多掌握一个专业

还有一个方法，是掌握一个与现在的专业完全不同类型的专业。

即便是在公司上班的人，如果能多一项个人能做的、能成为赚钱买卖的技能，就更加保险。虽然雇用你的公司是有限制的，但个人的可能性是无限的。

有一位女性，一边在公司做着管理工作，一边利用工作日的夜晚和周末做美甲师。有一位女性，一边在政府机关工作，一边想着什么时候要成为一名书法老师，二十年来坚持学习书法，获得了无数的奖项。还有一位女性，一边做着色彩师，一边因为喜欢寻访美食，而对各领域的食物都很熟悉，在给饮食店提供建议的过程中，获得了料理顾问的头衔。

拥有两个专业，人脉也会更广，哪一边的工作都有可能增加。可以靠这个吃饭的专业再多一个的话，会觉得非常安心。

（3）盘活资产或物件

如果没有什么专业，也可以活用自己现在拥有的资产，通过物件流通等方式赚钱。

首先，可以将自己现在有的东西、新买入的东西放在网上、自由市场、个人商店等处售卖。有一位女性，通过网络将日本的美容关联商品卖到中国，获得了莫大的收益。回头客越来越多，流通、进款的体系也建立起来了，收入自然源源不断。

还有，在少子、老龄化加速的现代，就算是普通人，通过不动产赚钱的例子也在增加。

贷款买下二手公寓再出租，或者改造装修后转售，在自己家楼下招募租客，空置的屋子出租为分享式空间，把某一个房间租给旅行者……通过各种方式靠不动产赚钱的人越来越多。但是，因为风险很大，要是真的想要去做，必须要认真学习不动产相关的知识。

我小时候，父母就把三室的小房子中的一间屋子，租出去赚钱。在汽车修理工厂工作的年轻租客，常常代替双职工的父母照顾我。

今后，孩子们都独立出去后，高龄老人的房子会变得宽敞，可以租给租户，单身而想与他人构筑关系的人也会越来越多吧。依靠不动产赚钱，还有一个好处，就是可以建立起与他人的联系。

这样，按照多个场景、多一项专业技能、资产运用来准备，是不会有什么损失的。

不被一份工作、一种工作方式、曾经的条条框框束缚，掌握跨界的工作技能、改变工作方式，这种灵活性是改变贫穷所需要的。

我建议从小事开始尝试，反复尝试、积累经验，渐渐学会做买卖。

消除贫困、孤独与不安的要点

23

☑ 持续思考"多个场景"

"多一项专业技能""资产运用"

24. 以十年后为目标持续学习

"要是年纪大了，在工作上遇到瓶颈，不也可以去便利店打工，或者去做清洁工吗？工作一定是会有的吧。"说这种话的人，他们对于赚钱的准备什么也没有。

的确，只要找的话，应该是能找到一份工作的。

但是，雇用高龄人士的地方是很有限的。如果在便利店打工或清扫的工作能感受到使命感和价值感的话，倒也不错，但是，如果抱着因为别的做不了，所以没办法只能做这个的心情，就不能过上充裕的生活，也无法享受每一天。

随着年龄增长就觉得没有能做的事，等于是对工作的放弃。现在的时代，如果被问到"在那之前，都没有做什么准备吗？"是很难有借口的。

为了能持续而有效能地工作，必须要持续地学习。不仅要学习与工作有关的知识和技能，还要学习社会的构成和人际关系。有时候，乍看上去与工作无关的教养学习，也能运用于工作当中。

积极学习的人与从不学习的人相比，随着年龄增长，两者的差距会越来越大。这种差距会表现在人的知性、精神、言谈、举止上，甚至在表情上也有所区别。

学到什么程度，与成为怎样的自己、做怎样的工作、过怎样的生活、与怎样的人共事……人生的所有问题都与此相关。

说到学习，如果觉得不知道该学些什么，也不知道该怎样学，就请参考以下几点：

（1）以"十年后依然可以使用的工作方式"为目标而学习

成年人的学习，是长期战。如果想要为了几个月、一年后就能有结果而学习，不仅无法掌握了不起的技能，也赚不到足够多的钱。浅显的知识，很快就会失去的。

与其做简单的事，挑战有困难的事更加有趣。不管是专业领域，还是教养方面，都请以十年后依然可以使用的工作方式为目标，进行长期的学习吧。在学习上花了多少有效时间会培养出对应的赚钱能力。

（2）尽量学习感兴趣的事

为了让学习能持续下去，尽量选择能让自己兴奋、自己感兴趣的事。如果抱着"这能不能成为职业""这能不能赚钱"的算计式的心态，最终会半途而废、难以持续。就算是与工作没有直接关系的兴趣，也能培养人际交往能力和提高教养素质，构筑起他人对自己的信赖，对工作和生活都会有好的影响。

（3）将工作、生活、玩耍、学习融合到一起

如果想要过上充裕的人生，就不要将工作、生活、玩耍、学习切割开来，而最好考虑如何将它们变得丰富。

所谓学习，不仅仅指读书、考证，从工作、生活、玩耍中也能学到很多东西。通过读书、看电影、感受艺术和旅行，可以体验感性。以让自己成长为目的，去学习多领域的东西。

（4）为了他人而学习

虽然学习是为了自己，但成年人的学习，关键在于能不能对他人有用。如果能在自己学习的东西中，发现有益于他人的地方，就会感到学无止境，也能长久坚持。学到的东西，可以为人所用，可以教给他人。学习后再输出，可以让学到的成果进一步巩固。

（5）从新的经验以及他人身上学习

做前所未有的事，可以拓宽自己的视野，也能丰富想象力。比如，对于从没想过的事想出了一个新的主意，之前觉得不可能的事觉得有机会完成。

还有，通过与各种各样的人的接触，知道还有这样的人啊，或者我想开始模仿这种生活，也可以学到很多东西。每日的情感体验与学习一起，将自己和充裕的生活、人生联系在一起。

"学而时习之"是快乐得不得了的事，可以说是人生至乐之一。

学习就是力量。如果能积极地学习，就能积极地面对自己的人生，对贫困、孤独等诸多问题，也能积极地解决。

消除贫困、孤独与不安的要点

24

☑ **不要割裂工作和生活、**

玩乐和学习

第五章 金钱的使用方法

让女性能够充裕地生活

25. 之所以贫穷，一定是因为哪里出了问题

"贫困"这一主题，要是把观察社会的镜头拉近放大来看，就知道不只是几年的问题。

因为失业、换工作、家庭发生巨变等原因，任何人都有可能突然在经济上拮据，可能陷入贫困的危机感，像无处不在的空气一样包裹你我他。

我们对贫穷的认识大概有这样的基本印象：虽然的确有一部分人收入较高，但是大部分人却很难从低收入中逃离出来，于是就自暴自弃地说没办法，这样的情况很多。

不仅看不到收入上涨的希望，连现在的工作能不能保住都不确定。看到"独身女性中有三分之一的人处于贫困状态"这样的新闻标题，感到吃惊的人一定不少吧。

因此，女性常有这样的想法：通过结婚获得帮助，一定能改善生活条件。

当然，通过拥有配偶，有些人的确可以实现富裕的生活，一部分人结婚后，虽然能确保每个月的生活费，但也有这样"没有钱买自己的化妆品了""房贷和孩子的教育费紧紧巴巴"等"隐形贫困"的可能。

如果家庭内出现了不可修复的问题，为了不陷入进一步的贫困，就会变成虽然想离婚但是办不到的境况。也就是说，不管结不结婚，都有陷入贫困的可能。

虽然说了些听上去让人更加忧虑的话，但是不必担心。

因为这都是可以解决的问题。

大部分的贫困，是因为对未来的认知太过简单。

贫困成为问题的背景，如前所述，是社会的经济发生了变化，社会的组成结构、公司的状态、家庭的状态发生了改变。

这时候，如果还抱着与之前一样的想法，想要过与之前一样的生活，遇到困难就是理所当然的了。只要还有社会不好、公司不好、丈夫不好这样把所有问题都归到他人身上的依赖体质，改变工作方式就绝不会进展顺利。不能把自己简单地归为受害者。都是因为自己本身有问题——如果有这种当事人的意识，自己积极地改变，道路就会越走越宽。

为了摆脱贫困、走向自由，需要一辈子都抱有"持续工作"的觉悟，而为了能持续工作下去，需要向幸福的工作方式转变、向灵活的工作方式转变，这些之前都已经论述过了。在这一章，我要说的是金钱的管理，也就是让我们一起思考关于金钱的正确使用方法吧。

人只要在"获得收入""在能力范围内生活"的简单原则内生活的话，是绝不会陷入贫困的。

说得严格些，之所以陷入贫困，一定是哪里出了问题（除了得了难以治愈的疾病这样的情况）。一定是与金钱有关的某个环节出了问题。

想要过上经济充裕的生活，要么很有赚钱能力，要么很有管钱能力。如果能很好地平衡这两种能力并实践于生活，就可以过得很好，钱还有结余。

不论在什么时代，要生存下去的话，管理金钱的能力都是必须的。然而意外的是，这种能力却不受重视，很少有人有意识地去学习它。

没有钱的人中，有很多人的花钱方式令人想发出疑问："为什么要这样花钱呢？"

因为过分乐观，觉得船到桥头自然直，借了大笔的贷款，也没有以防万一时的储蓄，这种情况很多。

另一方面，虽然收入少，但是努力筹划经营，买了房子、出去旅行、在想做的事情上花钱，过着充裕生活的人，也有不少。

我要强调一下，我鼓励大家转变工作方式，以十年为目标积极学习技能，并不是为了赚更多的钱，有钱并非人生的目的。

"被金钱摆布"，还是"成为金钱的主人，过上充裕的人生"——是每个赚钱人必须想的问题。

要是你想成为金钱的主人，就请认真地考虑以下五种管理金钱的心态：

▶为了充裕地生活，应该思考五种管理金钱的心态

（1）每月必需的钱和一生必需的钱；

（2）对自己来说重要的钱；

（3）以钱生钱的钱；

（4）以防万一的钱；

（5）给自己增值的钱。

那么，关于这几项金钱的管理，让我从下一章开始说明吧。

消除贫困、孤独与不安的要点

25

☑ 管理金钱的能力是

充裕生活的关键

26. 思考每月需要的金钱和一生需要的金钱

　　某位前银行支行行长说，陷入贫困的，并非是年收入三四百万日元的家庭，反而是年收入六百万到九百万日元的家庭。

　　大部分收入较高的家庭，会有这样的感觉："自己家是特别的""比别人花钱多一点也没关系"。所以钱包的纽扣也没那么紧实。

　　不加考虑地买入不必要的东西、在外出饮食和游玩上浪费颇多，即便收入有下降的可能也不愿意降低生活水平。

　　也就是说，因为觉得收入很高所以不用担心未来，从而忽视了支出的管理。

拥有金钱危机感的真正富豪，反而过着踏实朴素的生活。

我这样说，并不是一味地提倡节约，而是希望大家能知道对于自身而言什么是舒适的生活。

房子不是越大越好，家里也不是摆满了豪华的东西就温馨。在吃饭穿衣上应该看重个人的喜好和舒适度，而不是盲目追求名牌；重视朴素的趣味爱好。把资产捐献出去或者投入慈善，或者为了他人的快乐而使用金钱。

在不必要的事上绝不花钱，在觉得必要的事上一掷千金。

这样的人不会把珍贵的金钱浪费掉，因为他们理解了金钱的本质："金钱是为了给自己带来快乐。"

他们的生活方式也能产生让人信赖的信用。

对金钱进行朴素可靠的管理，可以获得他人的信赖，进而获得重要的工作机会，在关键的事情上也能获得支持。

相反地，"不知不觉间就没钱了""不知为何就负了债"，这类不善管理金钱的人，想要与他一起做点事情的时候，很容易就会产生不信任感。

通过金钱的使用方式，可以看出一个人的聪明程度和人性本质。

乌拉圭的前总统穆卡希被称为"世界最穷总统"，他将自己的收入几乎全部捐献出去，过着每月生活费只有十万日元左右的简朴生活。在联合国可持续发展会议上，他做了"真正贫穷的人，是只为了保住奢侈生活而工作的人"的演讲，对席卷世界的经济至上主义发出了疑问。

当阿拉伯的富豪出价一百万美元要买穆卡希的二手车时，他因为车是朋友送的礼物而拒绝了："要是卖了的话，会伤害他们的感情。"

不被金钱左右的生活，重要的是明白有这些钱就足够了。如果不适时地关闭金钱流出的水龙头，钱就会没有限制地一直流下去。

因为金钱达到了一定数额，就很容易对它失去感觉；因为无法满足而产生的愤怒、自卑等的情感常常与浪费相连，所以我们要清晰把握金钱的性质和意义。

在平常的生活中，明白每月的固定支出（房租、电费、取暖费、保险费、电话费等）需要多少，包括买菜在内，每个月多少钱用于生活，一周要花多少钱，努力在此范围内生活得舒服。

与收入相比，对每一笔超常的费用支出，慎重思考："这真的有必要吗？是不是浪费了？"这个更重要。

对于自由职业的我来说，收入变动大，所以不管收入如何，生活费都要尽可能地稳定下来。"最低限度的生活需要这么多钱""舒适的生活需要这么多钱"——像这样制订出双重标准，当收入下降的时候，就不会焦虑。

还有，不仅要考虑当下生活需要的钱，还要考虑将来必须支出的金钱、有生之年必须支出的金钱。也就是说，我们对于金钱的观念，一定包含着我们自己对未来的预判。

做金钱管理，不仅需要考虑临时的支出，诸如红白喜事、车辆检验、购置大型家具、旅行之类，从更长远的视角看，"五年后要买房子""十年后孩子要上大学"等人生计划也与收支相关，需要联系起来考虑。

如果眼光长远，在必要的金钱上尽可能全面地考虑，就不会产生过分焦虑，乃至散财的事了。

如果想要幸福地生活，就要灵活地、有规划地考虑赚钱的方法和花钱的态度。

我有一位朋友，她与丈夫和四个孩子过着六人的家庭生活。过去因为工作、孩子学校的事、补习班的事而忙忙碌碌，家人很少有在一起的时间，面对这种情况，她开始思考："目前的生活没有给孩子提供理想的家庭教育。对孩子们来说，最好的选择是什么？"

于是，为了追求更美好的家庭生活，全家搬到了萨摩亚[①]。丈夫通过写报纸连载每月获得数万日元的收入，一家六口在南太平洋岛国过着新的生活。

过了几年，孩子们在大自然中茁壮成长，虽然很充实，但这样下去孩子们除了萨摩亚，很难适应别的地方。父母亲希望孩子们成为能在世界各个角落自由生活的人，于是又举家搬到了美国。

丈夫一边打工，一边在大学学院里做讲师。孩子们有的成了世界品牌的设计师，有的被知名大学选为最优秀学生，都各自展现出杰出的能力并独立之后，夫妇俩开始了珍贵的二人生活，长期休假，并踏上了环游世界的旅程。

这位朋友在数十年间，创立并运营了连接世界各地的日本作家的网站，成了连接作家和媒体之间的桥梁，做着十分有意义的工作。

---

① 萨摩亚：位于太平洋南部，属热带雨林气候，经济以农业、旅游业为主，出产椰子、可可、面包果、香蕉。

我们在考虑花钱的意义时，一般会按照这样的顺序：
"只有这么多钱，该勤俭节约过日子"，或者"有这么多钱
呢，终于可以过挥金如土的生活了"。也就是说，我们总是
根据有多少钱，来决定自己的生活方式。

这就是被金钱控制的人生。这么做的结果是永远无法
实现"以自己真正追求的生活方式度过人生"的目标。

从生活的本质来说，金钱只是手段而已。

"我想过这样的人生，那么，我该如何赚钱，如何花
钱呢？"——其实应该以自己的生活方式来优先考虑。

这么一来，智慧层出不穷，视野变得开阔，也能从许
多个选择中找出挣钱、花钱的方法。找到自己的理想生活
方式，工作方式、花钱方式都会随之改变。

只要被热情推动，沿着应该前进的方向努力，谁都可
以变得聪明能干、可靠坚强。

考虑必要的金钱，不是在小钱上反复掂量，而是认真地
考虑自己想要的生活方式。

消除贫困、孤独与不安的要点

26

☑ 以理想的生活方式为轴心

考虑"需要多少金钱"

27. 思考对自己来说"重要的金钱"

花钱的方式，没有一定的规则。

令人感到幸福的花钱方式，因人而异。在你觉得重要的地方上花钱，这种规则自己来决定就好。

但是，当考虑到金钱的价值时，有的人用钱换来了价值在价格之上的东西，有的人换来了没那么多价值的东西。

为了避免弄错对自己来说重要之物的价值，请根据以下三点，思考自己的花钱方式。

▶让自己幸福的花钱方式

（1）买东西时，考虑幸福的鲜度和频率；

（2）在自己独有的热爱上花钱；

（3）把钱花在产生长久价值的东西上。

让我们一个一个地仔细说明。

（1）买东西时，考虑幸福的鲜度和频率

所谓鲜度，是幸福的大小；所谓频率，是指那份幸福程度有多深、能延续多久。

我尽量让自己远离打折区。

在打折时买衣服，虽然买到的一瞬间感觉自己赚到了，买了超值的东西，可要是在穿过几次之后，一直闲置在衣橱里，就是浪费钱。就算花了大价钱，买下几件自己真正喜欢的衣服，穿的时候心情愉悦，又因为喜欢会穿很多次，鲜度和频率带来的幸福感，就让人感觉钱花得很值得。

我虽然在物质上不甚讲究，但是对于工作用的椅子、灯、照相机等能产生价值的工具，还有消费品中的茶、调味料中的盐等每天都要用到的东西，为了制造"果然还是用这个好"的幸福时刻，我会在这些方面比较讲究。

不是贵的就好，而是自己喜欢才好。

物品也需要地方来整理收纳。与其买许多用不到的便宜货，不如买得少而精，也能长时间使用。

为了避免乱花钱，可以用"能在多大程度上感到幸

福"为标准来做出选择。

（2）在自己独有的热爱上花钱

对东西的热爱是因人而异的。在我的朋友中，有人花钱收集茶碗，有人追求高质量的睡眠，花钱住在东京高级酒店，还有的人喜欢街巷风情，在一家又一家不同的酒馆花钱喝酒……在别人看来，不由自主会问："为什么会在这样的事情上花钱呢？"但确实有这样过生活的人。

如果你也有这样特别热爱的点，完全没关系。

因为在想做的事情上花钱，是人生的幸福。如果想要按照自己内心的想法支配金钱，就很难像教科书上讲的那样平均地使用自己的所得，花费各有轻重是很自然的情况。花钱的方式，就是人生百态。

但是，如果你这也要那也要，什么都浅尝辄止的话，就是浪费钱了。

可以这样说，那就等于不知道自己喜欢什么。

之前说的那位喜欢茶碗的朋友，在将近二十年间，走遍了国内的名窑，将中意的茶碗一个一个买了回来。他熟知每一个茶碗的烧制方式和上色方法，还能说出各个窑的逸闻趣事。

还有，在高级酒店住宿的朋友，将每年一次、三天两夜的奢侈享受当作乐趣，以睡遍八家外资酒店为目标。接受一流的服务，体验沉浸般的快乐，然后又打起精神继续努力。

每晚从一家喝到另一家的朋友，虽然他也确实喜欢喝酒，但更重要的是他可以在酒馆中收集情报、观察人情百态，对工作有所助益。

不要让自己的热爱半途而废、浅尝辄止，而是持续一贯地在自己热爱的某方面花钱，其中自有人生的乐趣。只花几次钱，可能变成浪费；但是对于自己喜欢的事投入，只要加以时日，就能成为具有价值的投资，产生出值得夸耀的东西。一方面，为了能在自己觉得有意义的事情上花钱，促使自己提高赚钱能力，在热爱的方面花钱；另一方面，在自己不在意的方面，则一定要紧紧地捂住口袋。

（3）把钱花在产生长久价值的东西上

虽然钱花完就没了，但是花了钱能换到不会消逝的价值的方法有很多。

那就是从中换取精神财产，也就是经验和成长。

我在经济上稍微宽裕点时，最愿意在这上面花钱。

二十多岁的时候，虽然有点勉强，但还是在有名的旅馆住宿过。同龄的朋友中，有人说："像这样一瞬间就把钱花完了，太浪费！买个包还能一直留在身边。"但是我却很满足。因为在有名旅馆住宿的经验，将会永远留在我心中。

在那里住宿，可以非常清楚地感受到"为什么这家旅馆如此有人气"，置身于旅馆那种有着厚重历史感的空间中，想象着过去的世界，心里冒出"这种旅馆，可不是二十多岁能经常消费的地方啊。什么时候成为财务自由的人，就可以自然地来了"的想法——这种心态上的变化，塑造了我的人生。

享受新的体验、阅读书籍、出去旅行、与别人见面等等，在这些方面，我花了很多钱。因为有了这些经验的积累，我现在能够写书了。不，能够写书并不是目的，而是之后水到渠成的结果，当时体验的过程本身就是我的乐趣。不论是什么样的工作，在自己觉得快乐的经验和成长上花钱，让精神财产不断积累，自然就会结出果实。

我在二十多岁的时候，虽然没有明确的目标，特别想要体味的东西却有好多，在这方面我花钱绝不吝惜。能够在梦想和目标上花钱，是幸福的。

如果想成为优秀的厨师，就要在品尝出色料理和学习

164

精湛技术上花钱；如果想成为美容师，就要亲自去体验优秀的美容院。有过亲身体验的人，和没有体验、只是学会了技术的人之间，是有天壤之别的。

花钱最多的部分，就是每个人独有的热爱。这将会成为你的个人才能。

不仅仅是赚钱方式，花钱方式也要与生活、工作、玩耍、学习一起考虑。为了享受整个人生，实现梦想，请用金钱在自己身上不断储蓄价值。

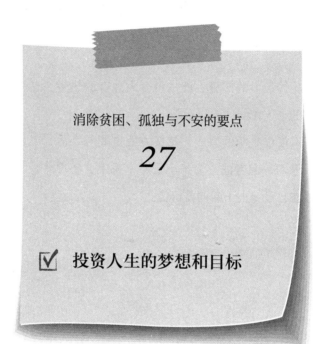

消除贫困、孤独与不安的要点

27

☑ **投资人生的梦想和目标**

28. 为了人与人的联系而花钱

观察那些白手起家成为富豪的人，比起赚钱方法，他们在花钱方法上更讲究。

会花钱的人，知道在构建与他人的信赖关系上花钱。

拿小事举例，当有人请大家吃饭时，有的人觉得"反正自己只是被请的众人中的一个"，所以只说了句"多谢"就完事了。这种人最多只能算是不起眼的角色，永远摆脱不了"配角"的命运。

请吃饭的"钱"里，是有含义的。

"想对主客表示感谢""从今往后也想继续保持良好的关系""想获得工作上的情报"等等，有很多含义。

理解这种金钱的含义，写一张卡片表示感谢，或者在下次见面时买点小礼物回礼的人，会让人觉得"下次还请他吃饭吧""如果有什么事，可以拜托他"，从而构建出信赖关系，获得成为"主角"的可能。

特地写卡片、特地去买礼物，这种实物能传达出感谢的心意。

有一些公司社长总是请工作上的合作方吃饭，虽然很舍得花钱，但并不是花得越多越好。如果总是自己这边花钱，对方就会习惯了，变得不知珍惜。对他人来说，过分的好意也会成为一种负担。只要花费刚好能传达心意的金钱就好了。

还有，在工作时，有些人只考虑眼下一时的利益，会觉得自己的付出不划算。

虽然生活中有上面说的一些例子，但是总的来说，在花钱的时候，还是有必要进行长期的规划的。

在十多年前，作家的地位比较低，因为觉得不划算，很多人拒绝了找上门的工作。虽然工作报酬有好几万日元，但是除去采访费用和其他经费，收入甚微。

有人宣称："我对自己的职业有自尊，在多少万以下的工作统统不接。"

但是，这种人不会总接到好的工作。而有些人不在意收入多少，就算手头紧巴巴也不放在嘴上，默默地做好本职工作，写书、去海外取材……反而获得了更多更好的工作机会。

想给十分努力的人一点回报，是人之常情。而金钱，是在人与人的关系中产生的。

用"抓大放小"的长远眼光看问题，需要考虑"入账的钱"和"支出的钱"。比起暂时的金钱收入，更重视构筑信赖关系的人们，就算一时千金散尽，也终究会回来的。

有时，处于育儿中的女性会说："要是想工作，就得把孩子交给托儿所，交了这部分费用手里几乎也没剩什么钱了。"所以辞职照顾孩子。

虽然很多人有"赚了钱就交给托儿所，这样下去，不知道为了谁而工作了"的感叹，但如果失去工作的话，等孩子上了小学、中学后，就会陷入难以再就职的状态。

就算一时会很困难，但只要能保持职场上的信赖关系，将工作持续下去，从长期来说，就可以保证持续稳定的收入。

重要的不是继续工作，而是在工作中继续构筑信赖关系，如果一直对周围的人怀着感恩之心，或者做好自己的工作而获得他人的信赖，这样，就算在育儿上发生了困难，周围的人也会伸出援手，给予宽容，总是能克服困难的。

不仅仅关系到物质上的得失，有想珍惜他人这样想法的人，能够为别人花钱的人，自己也能获得丰富充盈的精神。

不仅仅在工作关系上如此，在家人的生日赠送礼物、给亲戚朋友的孩子压岁钱、在年底给曾经关照过自己的人送一份岁末礼物、拜访他人时顺便带些点心……稍微花点钱，并不是以获得回报为目的，而是因为怀有希望对方高兴的心情。

能有这样送出礼品的机会，是幸福的。当陷入困境、希望获得帮助的时候，当精神上走投无路的时候，能帮助我们的，往往不是钱，而是人。

在自己力所能及的范围内，为身边的人花点钱，总有一天，那会成为支撑你的坚强力量。

消除贫困、孤独与不安的要点

28

☑ 将人与人的信任关系

看得比金钱重要

29. 思考"万一需要的钱"

日常生活中，突然令人陷入贫困的原因，基本上都是换工作失败、薪水下降、失业、离婚、生病、受伤、患心理疾病等意料之外的事情。

也就是说，打破了"一直工作下去""婚姻生活持续下去"这样"一直这么生活就没问题了"的平衡。

而另一方面，我们平时存钱的目的，多数是为养老、孩子的教育费、防止紧急灾害等。

有没有觉得实际上发生意外时需要的钱和储蓄的钱有点儿不匹配？

当然，如果结婚生子了，为了让孩子读高中、大学，是有必要一点一点存钱的。

但是，因为现代社会快速变化使未来很不明朗，有些人从二十多岁就开始节约，为养老的资金做准备，或者二十多岁就开始为养老不安，不从家里搬出去，把省下的房租钱存起来。的确，有必要为了未来的自己而考虑钱的事，但一味节省，就会失去现在的自己。

二三十岁的时候，是磨炼工作能力和人际交往能力的时期。通过旅行、积累各种各样的经验、与各行各业的人交往、学习知识和技术，塑造更加能赚钱的自己、更加能享受丰富人生的自己，才是最先考虑的问题。

是否在这方面投资金钱和时间，决定了五年后、十年后赚钱能力和人际交往能力的差别。

即便从二十多岁起就想要储蓄数万日元，中途一旦发生结婚生子、育儿等人生变化，生活境况就会改变，而想要在三四十年间稳定地不断地储蓄，在现实生活中很难做到。到了四五十岁的时候，如果赚钱能力大大提高，用十年、二十年存够养老的钱是完全可能的。更重要的是，储备六十岁以后还能继续工作的能力。

而且，从父母家中独立出来，不论对男性还是女性，都有超乎想象的意义和价值。

如果一直待在父母家中，因为生活过得下去，别说很难产生"无论如何，要想办法提高收入"的念头，更有可能会轻易地辞去工作、啃老过活。

一旦独立出来，虽然经济上会遭受一时的苦，但在一个人生活的过程中，会认真地考虑自己的人生并规划自己的金钱。

在有限的收入中，思考如何节约、如何享受，思考怎样才能让自己赚更多的钱，并付诸行动。这样，对于金钱的知识和规划，会成为一辈子的财产。

在应对个人经济状况时，我希望你不要一味防守，而要更多地采取进攻的对策。

要能更多地分配用作"防止紧急灾害"的费用，比起存钱，不如买保险。就算是想要为了防止自然灾害和火灾而存钱，其作用也是有限的。

我有一位朋友是大学老师，他开车上下班，所以最大的风险是遭遇车祸事故。要是遇上事故，他不仅会失去大学的教职，还会因为受伤而不能做其他的工作，孩子们的生活也会受到影响。因此，他买了汽车保险，而且为了保证绝对不会死，避开了轻型汽车，而选择了更加牢固的车型。

还有一位朋友，考虑到事故的风险，自己没买车，而是乘坐出租车。这样不仅可以节省遇到事故时的损失，还可以免去车辆的税金、保险、修理和养护费用，如此一想，还是坐出租车更经济实惠。

"什么是最容易发生的危险？""什么是最可能令我陷

入困境的危险？"只要充分考虑这些，并做出最大限度的防御对策，就算遇到了万一，也能说是听天由命。

但话说回来，平凡生活，其实最大的风险，是失业、生病、心理疾病、离婚等意外，会打破一直工作下去、婚姻生活一直持续下去的平衡。

这些意外，从某种程度上来说，也是可以通过保险来保障的。

因为我是一名自由职业者，所以最怕的是不能工作，没有收入了。为此，我加入了能支付看病费用、住院费的伤害和疾病保险。

因为我没有要抚养的家人，就算我死了也没有人会为此在经济上陷入困境，而对于有父母和孩子要养、还背着房贷的人来说，有必要考虑人寿保险。

但是，比起为了不知会不会发生的意外而储蓄的钱，我觉得有更重要的事：为了不让意外发生而未雨绸缪，即危机管理。

所谓"危机管理"，是针对已经发生的危机，尽量减少其灾害。

所谓"风险对冲"，是在风险（可能发生的危机）实际发生之前就做好准备，包括在尽可能的范围内，不让危机发生。

与其想要是得病了怎么办，不如做好健康管理，接受健康诊断，预防疾病发生，后者更值得投入金钱。为了不陷入失业的窘境，与其为了预防失业而存钱，不如在对工作有用的知识和技能上投入金钱和精力。

还有，与其为了避免陷入贫困而在离婚后紧盯着赡养费，不如防止这一切的发生。虽然培养赚钱能力很重要，但也要为了防止离婚，而重视和家人在一起的时间，家庭中如果有什么问题了，要在恶化之前尽快把问题解决在萌芽之中。

不要在危险发生后用钱补救，而是要花钱不让危险发生。

通过预先察知、想好对策，有些风险在一定程度上是可以回避的。

不论是谁的人生，什么样的人生，都会有风险。要是想得到什么，一定是伴随着风险的。

重要的是，不要害怕风险，而是要明白风险的存在，并积极地拿出对策，向前迈进。

消除贫困、孤独与不安的要点

29

☑ 不要在危机发生后处理，
而是花钱不让危机发生

30. 为了充裕地生活，要提高自我认知

常听人说贫困会遗传，我觉得这还是有点道理的。

因为孩子是看着父母如何赚钱、如何花钱的，所以自然而然、耳濡目染地继承了对金钱的观念。

在贫困家庭中长大的人，很难想象自己以后怎样能赚大钱、花大钱。

父母如果是生意人，孩子就很容易想象自己以后怎么去赚钱；父母如果是公务员，孩子就容易想象自己勤勤恳恳地工作。

常跟着家人去海外旅行的人，会觉得这是理所当然；而家人和身边的人都很少去海外旅行的人，则很难想象去海外旅行的场景。

我二十多岁的时候还生活在小地方上，常常对自己说："我这一辈子会有机会出国旅行吧？"当时我也完全没想到会在大城市生活。因为我觉得出国旅行是有钱人的特权，而我

也没有跟很会赚钱的人结婚，是不可能有机会出国旅行的。

就像曾经的我想的那样，我们与金钱的关系，是基于迄今为止的生活环境让我们产生的"我就是这样的人"的潜意识思维，是基于我们对自己的"自我认知"。

不论好坏，赚钱和花钱，都取决于我们自身的生活经验和判断。

但是，这并不是说出身贫寒的人就会一辈子受穷。

有些人树立起绝对不要过贫困生活的决心，做出努力，自我认知就会渐渐改变。

用自己的方法赚钱，在自己喜欢的事情上花钱，慢慢地，就会超越"我做不到"的桎梏，转向"我也能做到"的自我认知，渐渐就会觉得那是理所当然的事了。

如果想要过上比现在更加充裕的生活，就有必要提升自我认知。但是，那并非只是动脑子想想就能做到的。

虽然我曾经听过这样的话，要想提升自我认知，就要拥有高级奢侈品、去有钱人常去的餐厅等等，但是对于像我这样对这类事感觉不到价值的人来说，不仅不会有提升的效果，反而会觉得打肿脸充胖子，倒显得自己更加卑微了。

如果只是表面上模仿，虽然有着"我也是能过上富裕生活的人啊"，但是内心深处还是被"不不，你才不是这样""反正你只是打肿脸充胖子而已"的想法所支配。只要不是基于自身真实的体验，自我认知是绝对不会扎根的。

到目前为止，我是通过改变行动来提升自我认知的，主要有以下三种方法。

▶ **提升自我认知的方法**

（1）积累小的成功体验；

（2）表现得像"这么做是理所当然的"；

（3）改变交往的人群。

请让我一个一个加以说明。

（1）积累小的成功体验

很少体验到成功的人容易觉得自己做不到。成功的体验可以从小事开始积累。今日事今日毕、做点小生意赚到现金、去看了想看的歌剧等等，像这样积累"成功体验"，渐渐地就会培养起"我只要认真起来还是能做到的"的自信，就算是觉得不可能的事，也会觉得总会有办法的。自我认知越高，表现就越出色，也越容易实现大的梦想和目标。

（2）表现得像"这么做是理所当然的"

现在即便还没有达到理想的状态，也要描画理想中的自己，表现得像那么回事。比如，想象自己三年后会成为一名人气心理治疗师，在 3LDK[1]的公寓里开家庭派对，就会激励自己努力，自然也不会躺在沙发上对着电视发呆了。随之，看的报纸版面也改变了，去的地方变了，穿的衣服变了，花钱的方式也变了。眼睛看见的东西都变了，自然地，自我认知也就提升了。

（3）改变交往的人群

对同样境遇的人发牢骚，是无法提升自我认知的。我们周围的人常常会决定我们的人生。与所憧憬的富裕的人接触时，自己也会产生"我如果努力的话，是不是也可能办到呢"的想法。白手起家构建起数亿日元资产的人、在漂亮的海边别墅度假的人、给贫困地区的学校捐款的人等等，这些与自己的价值观相契合的人会扩展我们的想象力和可能性。

"想过得富裕而充实"——想要实现这个愿望的人们，一定在持续提高自我认知。人的心有多大，舞台就有多大。

---

① 3LDK：在日本，用"LDK"来表示房屋的格局，"L"代表起居室（Living Room），"D"代表饭厅（Dinning Room），"K"代表厨房（Kitchen）。因此"LDK"就代表了一间起居室+一间饭厅+一间厨房，如果要说的更加通俗一点就相当于我们说的"一室一厅"。"3LDK"前面的数字就代表着起居室的数量，用我们的话来说也就是"三室一厅"。除此之外还有"1R""1K"和"1DK"的房屋格局。"1R"就是起居室、卫生间、厨房都在一间房间的格局，面积非常小，适合一个人住。

消除贫困、孤独与不安的要点

30

☑ 提高"充裕地生活"的

自我认知

第六章

与社会连接

不要输给孤身一人的恐怖感

31. 一个人孤独，有家人也孤独

钱引起的焦虑问题，也会影响人际关系。

有不少独身女性会有这种担心："我这样一个人过下去，能行吗？"

据说每两名"独居高龄女性"中，就有一名处在年金不足的相对贫困状态。而且在家庭规模缩小的社会背景下，独居的高龄老人增加，其中平均寿命较长的女性独居的时间也越来越长。

现在这个时代，有了孩子也不能说未来一定在一起生活，也未必得到生活补贴和帮助。

能依靠的只有配偶，所以即便到了五六十岁，参加婚姻介绍活动的女性也不少。但是在这个年龄结婚，照顾公婆、照顾丈夫的任务就在眼前。如果丈夫先走一步，想到谁来照顾自己、谁来养活自己的时候，就明白无人可依是眼前的现实。高龄女性的贫困，可以说是现在和年轻一代将来一定会面对的问题。

为了避免陷入高龄贫困，我曾建议大家以"六十岁以后每月能赚十万日元"为目标而工作，但是比起经济上的问题，更深层次的问题，可能是被社会孤立的孤独、没有可依靠的人的孤独等精神层面的贫困。

这不仅仅是高龄人士和独身女性的问题。

就算已经结婚生子，孤独感也常伴我们左右。

虽然人是群居动物，但是，虽然表面上与他人联系着，却时常受到不被理解、得不到帮助、不被接受等负面情绪的侵袭，处在人群中时时刻刻感受着危机感。

无论是谁，多多少少都会有处在恐惧变得孤独的状态。

随着年龄的增长，为了过上充裕的人生，就有必要考虑关于"孤独"的问题，准备好应对策略。

为了从孤独中解放出来，需要打破固有的价值观。为了避免陷入孤立状态，需要找到自己与社会产生连接的角色，积极地建立起人脉网络。

但是另一方面，我认为有必要从心底里接受孤独。

人本来就是孤身来到这世上，又会孤身离去。人本来就是要一个人走完生命旅途的。

事非所愿、孤立无援、不被理解，这样的事是常有的。伴随着孤独感生活下去，这就是成年人的样貌。

所谓孤独，不是一种状态，而是心存在的方式。

有很多高龄女性虽然独居，但仍旧把日子过得生动、热闹。

有的女性在一百岁时打破了世界游泳纪录，有的女性作为摄影记者活跃在工作场合，有的女性在一百零三岁时成了艺术家。如果要问她们的共同点是什么的话，就是她们时刻考虑自己接下来能干什么，不断地挑战新的极限。所以，她们每一天都过得有目标，注意饮食，保持健康，充满好奇心，倾听他人的说法和意见。

面对"孤独就会不安"的年轻人，她们反驳道："人会孤独，难道不是理所当然的吗？"不论到了什么年龄，只要有想做事的热情，就没有工夫去感到孤独。

闲暇是件漂亮的衣裳，但你不能总穿着它。

一些男性早年沉迷工作和构筑人际关系，长久地努力，终于获得了一席之地，但在退休后却觉得空虚，不知道该干什么，不知道怎么与他人搞好关系。

　　女性也是一样。常听说女性退休后，不用工作了，育儿和看护老人的任务也结束后，找不到自己存在的意义，心里像突然空了一块似的。

　　一个人要想有出色的人生，就要从年轻时候开始，积极地追求想做的事，充分享受独处的时间和与他人共度的时间，保持好奇心，持续地学习。即便是一个人，也能走出幸福的人生之路。

　　我觉得孤独并非完全是负面的。

　　正是因为有了孤独的时间，才能更加体会到与他人相处的时光是多么快乐。

　　正是在孤独的时间里，我们才能面对自己，扪心自问："我究竟能做什么"，磨炼自己的创造性和自立心，从而积极地创造出自己的一片天地。

　　我认为，充裕人生的必要条件之一，就是要接受孤独。

消除贫困、孤独与不安的要点

31

☑ 作为一个个体，

持续思考"我能做什么"

32. 连接，就是"充裕+对冲风险"

许多人对将来都抱有未来会不会孤独地过日子的担忧，但比起老年人的孤独，我感到年轻一代的孤独更加严重。

人是在与众多他人的关联和相处中，通过学习和寻找自己的位置，不断成长的。一边被生活的浪潮裹挟，一边学会弄潮游泳。

在公司里，给我们提出各种建议的人、用他们广阔的视野教给我们智慧的人，以及成为反面教材、警醒我们"这么做是不行的"的人，如果没有他们，我们会怎样呢？

与这些人相处，有时候令人灰心，有时候会引起摩擦，但如果就此放弃与他人的连接，只生活在舒适区，就会变得孤立，渐渐丧失了生存的活力，将自己置于贫困、孤独和危险的状态之下。

如果只走在安全的路上，反而会遇上危险。

养育幼小孩子的母亲们，常会陷入孤独吧。

过去，就算她们自己沉默，公婆和周围的人也会主动来询问，试着提供帮助。但是，现在大家都是关起门过自己的生活。虽然也有结交"妈妈友"①的时候，但是也会产生麻烦的事。现在的情况是，当问题产生时，没有能谈心的人，只好上网去搜索自己解决，或者去公立的辅导所，有时候甚至会产生抑郁症。

公司里的孤立化也在演进。

"你年龄也不小了，我给你介绍个不错的人吧。"这种上司帮忙介绍结婚对象的企业文化，是很久以前的事了。女性前辈一边生气地骂着"真是的！现在的年轻人真是没

---

① 妈妈友：指处在育儿期的母亲们组成的小圈子，交流话题多关于孩子和家庭。

有常识啊"，一边教后辈公司的规则礼仪，也是因为把公司同事当成家人。

现代的公司里，派遣员工、兼职实习、一般岗、综合岗，各种各样立场的人夹杂其中，流动性大，就算有很过分的人，也很难被注意到。

而且还有一种避免触碰工作之外的私人生活的氛围，一旦"越线"了就会被认为是多余的关心，大家都"不管他人瓦上霜"。谁都是尽量不说多余的话、不挑起问题，害怕人际关系中的摩擦，瑟缩在自己的小角落。

因此，有很多人连生活在社会中必备的知识都不拥有，就变成了社会人、成年人。

现在，人与人的相处方式，从集体主义向个人主义迅速转变，从某种程度上来说，虽然有让人轻松的方面，但也产生了诸多的问题。

重要的是，要从过去的即便沉默，大家还是连在一起的被动姿势，转变为自己积极主动地去接触别人的主动姿势，我们每个人也要逐渐改变。

这是值得鼓励的事。因为只要有积极的心态，采用各种方式，总能与我们需要的人产生联系。

现代社会的联系，有以下三个特征：

·虽然想要与人建立关系，却也有不想与人联系的困境

·如果没有目的，就很难产生联系

·与人的联系，取决于个人的自由意志

与他人建立联系，不仅仅能防止自己陷入孤立的风险，而且，这件事本来也很有意义，很有价值。

人生之味，通过与他人的联系，变得更深、更广。

·可以分享快乐和悲伤

·自己做不到的事，别人可以帮忙

·自己能进一步成长

·拥有自己的角色，活出自己的意义

人类，正是为了他人，自己的能力才会得到发挥。

在过去的社会中，因为与他人的联系，有时候"自我"会被压抑。

但是，在现代，通过与他人的联系，可以找到自己的角色定位，让自己活得有意义。通过与各种各样的人的接触，可以成为自己，自然而然地，可以获得更加充裕的生活。

消除贫困、孤独与不安的要点

32

☑有"自己去积极地接触他人"的

主动姿态

33. 比起"安心"，用"信赖"来建立连接

"之所以不能信任，是因为被欺骗了吗？"

如今这世道，电话诈骗、霸王条款等损人利己的事层出不穷，让人不禁觉得，只有抱着他人皆不可信的防御心去与人打交道，才能不上当受骗。

但是，在社会学者山岸俊男的著作《从安心社会到信赖社会》一书中，他通过多样的心理实验结果，论述了以下观点：比起抱着"他人皆不可信"态度的"低信赖者"，那些认为"他人基本上都可以信赖"的"高信赖者"，更能正确地预测他人的行动。

信赖他人的人，因为想要与他人协作，会与各种各样

的人交往，从而学会社会知识。他们对有关别人个性的信息反应敏捷，会积极地理解对方。

不是什么都相信别人的"傻白甜"，而是"社会乐观主义者"。

与此相对的，不信任他人的人，就是"社会悲观主义者"。他们会尽量避免与他人，特别是没见过面的人的交往，因此也错过了学习理解人性和社会知识的机会。

信赖他人的人，人们会聚拢到他身边；不信赖他人的人，人们会从他身边离开。这样，二者之间的差距会越来越大。

在现代社会中，人们之间的交往大部分取决于个人的意志，所以越来越需要能够理解对方的性格、价值观，并体谅对方的"社会知识"，或者说"情商"。

过去，由家人、亲戚、地域和企业等构成的社会，是长期、深入交往的"监视社会"，也是"安心社会"。彼此之间牢固联系着的构成单位，在沉默中都变成了"监视者"，因此构筑出了能够安心的社会。为了防止发生恶事，互相支持配合，因此忽视个人的意志，而根据序列来决定个人的角色。也就是说，即便发呆脱线，也能安心地生活。

但是，现代社会不再是"监视"和"安心"的社会，而是通过个人的意志产生联系、彼此通过互相信赖构筑起的社会。

我们不能再像过去的家庭和社会那样，将自己完全地浸透在关系之中，而是凭借能与或想与他人产生联系的部分，与想要联系和信赖的人保持联系。

就像是小集体内部的守望相助，与社会全体之间的相辅相成。

现今，有关这种联系的交易还方兴未艾。

比如，帮助育儿和看护老人、代做家务、相亲教室、礼仪讲座，甚至还有代扫墓、照看独居老人的生活、出租朋友等的服务。

花钱买这些服务，听起来有点儿寂寞，但事实是，通过这样的方式获得拯救的人不在少数。谁都有可能需要这类服务的时候。

为此，除了保持持续赚钱的经济能力，也有必要与值得信赖的人构建没有钱也会来帮忙的关系。

但是，信赖不是一朝一夕就能建立起来的。

要构建彼此的信赖关系，不是一时就成的，而是经过彼此长期互帮互助的交往，时刻珍惜，才能达成的。

我有一位朋友以前做过教师，现在是独居老人。他过去教过的男学生们，每个月轮流来几次，帮忙修剪庭院的树木、外出采购等等。

男学生们说："过去我们曾受到老师的照顾，现在至少让我们做点事来报恩吧。"其实，他们毕业已经四十多年了。在学生们成为社会人，甚至结婚生子之后，我那位朋友也一直关注着他们。正因为良好的关系得以持续，他才会在需要帮助的时候得到帮助。

在台湾，有一种人被称为"干妈"，她们给孩子以劝诫和建议，在亲生母亲忙碌的时候帮忙照看孩子，并提供有关育儿的咨询。

对干妈们来说，自己能被他人依赖，还有了更多的孩子，不仅滋养了心灵，也是一种乐趣。当孩子父母有事相求时，即便没有什么谢礼，干妈也会欣然同意。

像这样，有如同家人一般交往的人，令人安心。

在独身女性之间，有些人提议"等上了年纪，我们就住在一起吧"，或者彼此保管对方的钥匙，约好"如果一周都没有联络，说不定我在家里倒下了，那时候请来我家看看啊"。据说有一位受到大家信赖的女性，一个人保管了五把钥匙。

虽说有可以信赖的人是件可喜的事，但我觉得更值得高兴的，是有愿意信赖自己的人。

自己对他人来说有能做到的事，被他人需要，是令人坚强、安心的事。

人就是在彼此的联系之中切实感受到自己的角色，才能安心、充实地生活下去。

人与人之间的恩情，即便彼此想要保持平衡，也很难做到完全不相欠，常常是一方总是受到照顾，或者总是照顾别人。

即便如此，平时也不必计较得失，只是尽量做自己力所能及的事，四处帮助别人，总有一天，这份恩惠会回报到自己身上。

因为这是"信赖"和"感情"的积累。

什么也不做的人，永远遇不到这种"总有一天"。

为了拥有值得信赖的人，首先自己要成为值得他人信赖的人。

消除贫困、孤独与不安的要点

33

☑ **赠人玫瑰，手有余香**

34. 夫妇、家人是抱有共同目标的团队

不婚、晚婚，似乎将一直持续下去。

大部分独身女性都对未来感到不安，因此渴望结婚。对结婚对象提出的条件中，有一条绝对不会让步的，就是稳定的收入。

从女性的角度来说，因为未婚所以容易陷入贫困；而从男性的角度来说，因为贫困所以未婚。仅靠自己的收入就能养活妻子和儿女的男性，现在越来越少了吧。

在现实中，社会和经济的状况发生了极大的改变，个人的生活方式也趋于多样化。但是企业和家庭的构造，以及包含年轻一代在内的人们的意识，更新速度却相对缓慢。相反地，在工作上感到难以突破限制的女性们保守的声音更大了："为了生活下去，想要与有稳定工作的男性结婚。"

战后的日本社会所创造出的"男人外出工作，女人在家育儿，拥有自己的房子，年老后靠年金生活"的家庭模式，渗透得相当彻底。看着父辈们的生活模式，年轻人便觉得自己的生活大概也是这样。但是，差不多该睁开眼睛看看现在的变化了。女性也好，男性也好，如果还不改变陈旧的意识，不论工作还是结婚，都很难顺利。

在非婚化、少子化盛行的"Ｖ型"欧美社会，"丈夫外出工作，妻子专职主妇"的家庭模式已经是陈年旧物了。专职主妇消失，夫妇一起工作变得理所当然，因为只靠丈夫的收入难以支撑一家人的生活。

未婚情侣之间生下孩子也是司空见惯的事。一般只有富裕的人才能维持一个人的生活，而基本上正是因为经济上不太宽裕，人们为了搭伙过日子，才会去找对象、共同生活，乃至结婚。

反正结婚后两个人都要工作，所以结婚的门槛变低了。

虽然大部分女性要求结婚对象年收入至少要四百万日元，但如果两个人一起工作，每人每年赚三百万日元的话，生活就能更宽裕了。如果有一方的工作不稳定或失业了，只要能互相帮助，就有机会重振旗鼓。

当然，目前的日本社会，有孩子的女性想要工作，社会环境仍旧严峻，社会制度也有待完善，但是如果女性不认真考虑想怎样生活的话，一切就不会开始。请不要觉得现在的时代真残酷啊。

专职主妇的诞生伴随着昭和①时代的经济高度发展。与各种便利的发明惠及千家万户的今天相比，那时候的家务劳动都是靠主妇的双手完成的。

无论在什么时代，女性们都在工作。

妻子的工作，在过去的农业和商业中，是以"支持丈夫的事业"为目的的"支持辅助"形式，在经济高度发展期则转变为"丈夫工作，妻子管家"的"分业"模式。而如今，夫妇、家庭从某种意义上来说，是一个"团队"。

彼此做自己能做的事情，做不到的事情则互相辅助。抱着同样的目的，也为了自己的目标，彼此协助，发挥团队功效，从而实现富足的生活和充实的人生。

因此，需要改变女性"找个男人养我"和男性"找个女人持家"的依赖观念。

如果女性想要追求幸福的工作方式，男性应该予以认同。如果男性想要充分投入工作，女性也应当认同。如果意识能如此改革，那么工作、结婚和育儿就会更加灵活，

---

① 昭和：日本天皇裕仁在位期间使用的年号，时间为1926年12月25日—1989年1月7日。

人们的生活也会更加容易。

由地域和血缘联结的"监视社会""安心社会"渐渐远去，夫妇之间的纽带也变得脆弱了。离婚率上升的现实，就是这一点的体现。

虽然夫妇的结合与分离基本上没有限制，但是离婚的风险很大。有很多人因为成了单身母亲而陷入了贫困。

所以，现在的时代需要认真地考虑夫妇之间如何积极地培养爱。

前些天，一位与日本丈夫结婚的乌拉圭女性就给了我这样的灵感。

"爱这东西，不努力是得不到的。在我的祖国有一句谚语：'试着穿穿别人的鞋子。'意思是夫妇之间要会站在对方的角度考虑。日本的夫妇之间虽然也为彼此着想，但更多的是出于义务感。比如觉得妻子不这么做就不对，不得不忍耐，等等。这不是穿别人的鞋子，而是被自己想象中的憋屈鞋子束缚。这么一来，就会觉得辛苦，不能持续。要是能更加积极地以对方的快乐为快乐，就好了。"

她还说，大部分乌拉圭夫妇在每天的生活中，都非常重视彼此交谈、快乐共度的时间，即便结婚数十年，也依旧不变。

不论是工作方式还是夫妇之间的相处方式，不要被以前的既定模式束缚，要自由大胆地走出让自己幸福的道路。

消除贫困、孤独与不安的要点

34

☑ 改变"养我""给我做家务"的

依赖心理

35. 好好生活、好好工作，就不会孤独

与他人相处、产生联系，多少需要些勇气。

有一天，我在某商场高层的饮食街乘坐电梯的时候，一位七十岁左右的男性向我搭话。

"您去吃饭吗？"

"嗯……"

其实我是与人碰头协商工作上的事之后，正要回去，那位男性大概以为我是一个人去吃饭。于是对话就这样继续下去。

"我也是一个人来吃饭。但是，一个人的话就感觉不

到美味了呢。因为一直照顾着双亲，所以到了这个年纪还没有结婚。就算活着，也没有什么好事，有时候觉得活着真是麻烦。"

听他说了些沉重的话，我开始有些惊讶。因为我赶时间，现在也记不清当时自己说了些什么，大概说了些"请一定保重啊"之类的话后就告辞了。

但是，后来，我一直在想象——那位男性，之后过着怎样的生活呢？

他打扮得相当绅士，有去商场吃饭的经济能力，也有与偶然相遇的我搭话的交流能力，就算对旁人倾吐自己的苦处，也一定会坚持活下去的吧——我希望如此。当时，我没有对他说更多鼓励的话，这让我不断反省自己：以后如果遇上抱有苦处的人，一定要尽力给他们提供帮助。

我自己可能也对轻松自如地与他人交往这件事，多少有点抵抗。

我也能感到，这世上有很多孤独的人想要与他人产生联系。

相比男性，女性虽然在交流能力上更胜一筹，但还是有这样的顾虑，因为年龄大了，不知道生活中有什么事可以忙碌，也觉得不想给他人添麻烦、不想把自己的弱点展现给他人，而无法对别人示弱撒娇，因此感到孤独。不仅仅是老年人，非正规社员、女性管理者、单身母亲、专职主妇等等，各自都有各自的孤独。

我们是不是应该更加信赖他人、偶尔示弱撒娇呢？
所谓"自立"，也包含能够说出"请帮帮我"的能力。

我们的生活总是处于联系之中，只要发出请求，总会有回应的。

去果蔬店买菜时，店里的老婆婆会教授蔬菜的烹饪方法。

想要去旅行，就可以去问熟悉当地的朋友。

去政府机关办事，遇到困难可以求助他人，问题就能得到解决。

当然也有态度冷漠、拒绝帮忙解决问题的人，但并非所有人都如此。在生活之网中，不期然地就会感受到他人的温暖和温柔。

有时候，只是有人倾听，便得到了救赎。

我们不仅仅因为自己做不到，所以想要去做的心理而产生互相联系的实用需求，在精神上也希望与他人产生联系。

如果想要与他人产生联系、人生过得充裕丰富，最有效的手段就是去工作。

不管是什么工作，都是为了他人而做事，一定会与他人有精神上的交汇。

好好生活、好好工作，能将人从孤独中解放出来。

"退休后，想去海外过悠闲的生活"——移居海外的人中，据说有大部分在三年之内就回来了。第一年忙于习惯当地的生活，第二年忙于在周边旅游，第三年忙于招待从日本来当地的朋友。但是，到了第四年，就不知道该干什么了。

而融入海外，在当地生活了数年、数十年的人们，则是积极主动地将之前从事的工作技能运用到新的工作中去，教授日本语和插花等与日本相关的技能或者参加志愿活动，总之，都是找到了自己角色的人们。只要有了对他人有作用的联系，就能心灵充裕地生活。

"做自己能做的事。"

"必要的时候，请求他人帮助！"

——这是脚踏实地地生活。

勇敢一点，试着与他人产生联系吧！

消除贫困、孤独与不安的要点

35

☑ 为了与他人建立连接，

培养一些勇气

36. 所有的一切，冥冥之中都有连接

如果想要自己过得幸福，就要让别人获得幸福。

让家人幸福，让朋友幸福，让邻里乡亲幸福，让职场的同事幸福，让社会中的某些人幸福……人们会因为自己所做的事能给他人带去正面影响而感到幸福。

为了他人，才有我的工作。

为了他人，才有每天的生活。

为了他人，我们学习、成长。

游玩和娱乐也不仅仅是自己的快乐，而是与某些人的幸福相连。

我们的工作、生活、学习、玩乐都彼此联系着。

它们一方面是为了他人而存在，另一方面也是因为他人

而得以存在。只要能明白所有的一切都是为了让我们自己和他人获得幸福，我们就能一以贯之地走在人生的道路上。

我们的生命不只是我们自己的，还是为了他人而存在的。如果能明白这一点，我们就能为了给这个美丽的世界做出点贡献而寻找自己的位置、发挥自己的力量。

如果能明白人与人一定会在某处产生联系，我们就能对身边的人更加关心，也能与偶然相遇的人轻松交谈。

但是，当我们考虑自身的幸福时，总是容易陷入只要自己好就行了的误区。一旦工作起来，就顾不上个人生活了。

像这样把自己与他人割裂开，把工作和生活对立起来，从本质上说，是很难追求自身幸福的。

伴随着时代和环境的变化，工作的意义也发生了变化。工作不仅仅是为了钱，还应为了帮助他人、为了内心充实地生活，只要能这么想，就可以理解人生的一切都是彼此联系着的。

"我能在这有限的一生做点什么？"

这是在人生中，我们不断追寻的课题。

以让他人幸福为中心目标，自主地选择工作和生活的方式，与他人和社会联系起来，这对于我们的人生来说，是无上的喜悦，也是自然而然的事情。

所谓组织，就是自己贡献自己能做的，自己不能做的让别人来帮忙的系统。其实，在家里、在某个地方、在全世界，都是如此。

欣然接受变化，在当时当地的情况下，灵活地寻找自己的角色和位置，这样，我们就不是被动地活着，而是自主地生活。

就像大自然支撑着我们的生命，世界上的人们也在互相支撑着过生活。

所以，不必恐惧。

只要不迷失方向，就能不被环境和时代左右，开辟出自己的道路来，就可以从贫困和孤独中解放出来，尽情地享受自己的人生。

充满热情、勇往直前的女性，闪耀着神圣庄严的美丽光芒。

坚持工作下去、与他人联系下去，让上天赋予我们的这仅此一次的生命，闪闪发亮、熠熠生辉吧！

消除贫困、孤独与不安的要点

36

☑ **我的人生，能做些什么——**

无论何时，永远追求进步